M. Marcellin Boule

Notions de Géologie

Salzwasser

M. Marcellin Boule

Notions de Géologie

1. Auflage | ISBN: 978-3-84606-017-9

Erscheinungsort: Paderborn, Deutschland

Erscheinungsjahr: 2015

Salzwasser Verlag GmbH, Paderborn.

Nachdruck des Originals von 1912.

NOTIONS DE

GÉOLOGIE

par Marcellin BOULE

NOTIONS

DE

GÉOLOGIE

NOTIONS

DE

GÉOLOGIE

PAR

Marcellin BOULE

PROFESSEUR AU MUSÉUM D'HISTOIRE NATURELLE DE PARIS

———

(CLASSES DE CINQUIÈME B ET DE QUATRIÈME A)

———

TROISIÈME ÉDITION, CORRIGÉE ET AUGMENTÉE

PRÉFACE

Il n'est pas de science plus grandiose et plus passionnante que la Géologie. Elle ouvre à l'esprit humain des horizons sans bornes. De même que l'Astronomie nous permet de concevoir l'immensité de l'espace, la Géologie nous donne une idée de l'immensité du temps. Comme science des origines, elle a une vertu éducatrice qui légitime sa place dans les programmes de l'enseignement secondaire, plus encore peut-être que l'importance de ses applications pratiques.

C'est en me plaçant à ce point de vue que j'ai écrit, pour les élèves de nos lycées et collèges, un cours dont voici la première partie.

Ces premières notions sont consacrées à l'examen des phénomènes actuels. Il ne faut pas les considérer comme une simple énumération de faits isolés. Elles doivent servir de préparation à l'étude des phénomènes passés, des phénomènes qui ont fait la Terre ce qu'elle est. Aussi, tout en restant dans les limites du programme officiel, j'ai tâché de les présenter dans un ordre logique. M'adressant à des enfants de douze à treize ans, j'ai cherché à être aussi clair que possible et à ne prendre, comme point de départ dans l'enchaînement des idées, que des notions tout à fait simples. Évitant l'abus des

mots techniques, j'ai donné l'étymologie de tous ceux
que j'ai employés. De même, tenant compte de cette
circonstance que les élèves de 4ᵉ et de 5ᵉ n'ont pas
encore étudié la Physique et la Chimie, je n'ai pas voulu
faire appel à ces sciences.

Le texte de ce petit livre est aussi réduit que possible.
En revanche, il est copieusement et soigneusement
illustré. Pour représenter les phénomènes géologiques
actuels, j'ai pris des exemples dans notre pays toutes
les fois que je l'ai pu. La plupart des illustrations sont
faites d'après les photographies (¹). Il est très important
que l'esprit des jeunes élèves ne soit pas faussé par la
vue d'images inexactes.

En raison même de la sobriété du texte, je n'ai pas
cru devoir faire suivre chaque chapitre d'un résumé.
Le soin de présenter ce résumé est laissé au professeur,
s'il le juge convenable.

D'ailleurs, le rôle du maître ne doit pas se borner à
cela. Il lui appartient encore de donner des explications
et des développements en rapport avec le pays qu'il
habite et qu'habitent ses élèves. C'est même en adaptant
son enseignement aux conditions locales qu'il lui don-
nera tout le charme dont il est susceptible et qu'il lui
fera porter tous ses fruits.

(¹) Beaucoup de ces photographies ont été prises par l'auteur.

NOTIONS

DE GÉOLOGIE

INTRODUCTION

1. **Définition de la géologie.** — La géologie (du grec *gê*, terre et *logos*, discours) est la science qui s'occupe de la Terre.

Mais il y a plusieurs façons d'étudier la Terre. La géographie, par exemple, n'envisage que sa surface; elle se contente même de décrire cette surface dans son état actuel.

La géologie, au contraire, considère la Terre dans sa profondeur aussi bien qu'à sa surface. Elle observe les changements que notre planète subit tous les jours et les changements qu'elle a dû subir pour arriver à son état actuel. Elle l'étudie non seulement dans le présent, mais encore dans le passé. *Son but est de reconstituer l'histoire de la Terre.*

2. **La Terre est soumise à de perpétuels changements.** — La Terre subit en effet de perpétuels changements. Ici, des éboulements ou des chutes de rochers dégradent les montagnes. Là, des pluies d'orage entraînent dans les rivières des cailloux ou du sable arrachés aux pentes.

Tantôt le sol s'entr'ouvre à la suite de tremblements de terre. Tantôt un volcan édifie une montagne d'où sortent des torrents de lave.

Sur certains points la mer ronge peu à peu les falaises

qui la bordent et s'avance dans l'intérieur des terres; sur
d'autres points, elle forme des dépôts qui augmentent au
contraire l'étendue de la terre ferme, etc.

5. *Importance de l'étude des phénomènes actuels.* —
Classification de ces phénomènes. — Ces divers phénomènes se passent sous nos yeux. Ils se sont toujours passés de
la même manière. C'est par leur examen qu'il faut commencer
l'étude de la géologie, parce que c'est à la lumière du présent
que nous pouvons comprendre le passé.

Les transformations que subit la Terre sont dues à des
causes très différentes.

Les unes sont en dehors du sol; on les dit *extérieures* ou
externes : le vent, qui soulève des poussières et les transporte
au loin; la rivière, qui ronge son lit; la mer, dont les vagues
démolissent les falaises, représentent des *forces externes*.

Au contraire, les forces qui agissent dans les tremblements
de terre, ou qui produisent les volcans, ont évidemment une
origine profonde; leur siège se trouve sous nos pieds, dans
l'intérieur de la Terre; ce sont des *forces internes*.

Les êtres vivants eux-mêmes contribuent à produire des
changements à la surface de la Terre. Les plantes, en accumulant leurs débris dans les dépressions du sol sur lequel
elles ont vécu, peuvent peu à peu combler ces dépressions et
les transformer en dépôts de charbon. Il y a, dans les mers
chaudes, des animaux de constitution très simple, enfermés
dans un revêtement de pierre et qu'on nomme des *Polypes*.
Les squelettes de ces animaux arrivent à former, par leur accumulation, des îles entières.

Nous aurons donc à étudier successivement :

1° L'action des forces externes : l'atmosphère, l'eau;

2° L'action des êtres vivants;

3° L'action des forces internes.

4. *Notions préliminaires sur le globe terrestre.* —
Mais, avant d'aborder ce sujet, il peut être utile de rappeler
quelques notions très simples.

La géographie nous apprend que la Terre est ronde; qu'elle est légèrement aplatie aux pôles et légèrement renflée à l'équateur; que sa surface est inégale; qu'elle présente de grandes dépressions, où sont logées les eaux de la *mer* et de vastes régions, qui font saillie au-dessus des mers et qu'on appelle des *continents*.

Les continents eux-mêmes offrent des parties hautes qui sont les *montagnes*, et des parties basses, où coulent les cours d'eau et qui sont les *vallées*. Les montagnes les plus élevées

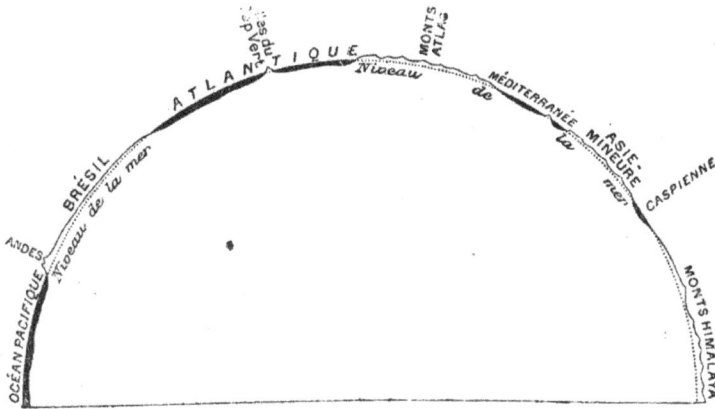

Fig. 1. -- Les accidents de la surface terrestre, dont la hauteur est exagérée vingt fois.

n'atteignent que 8800 mètres. Les plus grandes profondeurs de la mer sont d'environ 9000 mètres.

Ces inégalités de la surface terrestre nous paraissent énormes. En réalité, elles sont insignifiantes quand on les compare au diamètre de la Terre qui est d'environ 12 600 kilomètres. La surface d'une orange est, toutes proportions gardées, plus rugueuse que la surface de la Terre (fig. 1).

Les matériaux qui forment la Terre, du moins dans ses parties superficielles, les seules qui nous soient directement accessibles, et qu'on désigne sous l'expression d'*écorce* ou de *croûte terrestre*, se nomment des *roches*. On ne les observe généralement qu'au-dessous d'une couche de terre meuble, dite *végétale*, parce que c'est elle qui fait pousser les végétaux.

Le mot roche ne désigne pas toujours une substance dure. Le *granite*, le *calcaire*, que tout le monde connaît, sont des roches dures. Mais il y a des roches tendres, friables : les *sables*, les *argiles*. Nous aurons plus tard à étudier les principales sortes de roches. Pour le moment il nous suffit de connaître les plus vulgaires.

Les roches sont souvent disposées par *couches* superposées ; on dit : une couche de sable, d'argile, de calcaire. Elles forment aussi les *terrains*; on dit : un terrain granitique, un terrain calcaire, un terrain sablonneux, etc.

CHAPITRE PREMIER

L'ATMOSPHÈRE

5. Composition de l'air. — La terre est entourée d'une enveloppe gazeuse qu'on appelle l'*air* ou l'*atmosphère*.

Bien qu'elle soit à peu près invisible à cause de sa transparence, il est facile de démontrer son existence. C'est de l'air que nous respirons ; sans air il n'y aurait pas d'êtres vivants. Un animal, enfermé dans un endroit d'où l'on a chassé l'air, meurt rapidement. Lorsque notre corps se déplace brusquement, nous sentons une résistance parce que nous sommes obligés de chasser l'air qui est devant nous ; nous produisons du vent qui n'est autre chose que l'air en mouvement.

L'air n'est pas un corps simple ; c'est un mélange de plusieurs gaz dont les principaux sont : l'*oxygène* et l'*azote*. Il renferme, en outre, une petite quantité d'un autre gaz plus lourd que les précédents : l'*acide carbonique* et aussi de la *vapeur d'eau*.

L'acide carbonique ne forme que les 3 ou 4/10 000ᵉ de la masse de l'atmosphère. C'est le gaz que les animaux dégagent à chaque mouvement respiratoire et que les végétaux absorbent pour se nourrir et s'accroître.

La vapeur d'eau se trouve dans l'atmosphère en quantité très variable ; elle provient de l'échauffement de la mer, des lacs ou des cours d'eau sous l'action du soleil. D'abord invisible, elle s'élève dans l'air ; puis, quand elle se refroidit, elle donne naissance aux brouillards, aux nuages et à la pluie.

6. Action géologique de l'air au repos. — L'atmosphère a un rôle géologique différent suivant qu'il s'agit de l'air au repos ou de l'air en mouvement. Au repos, l'action de l'air sec est à peu près nulle ; celle de l'*air humide* est considérable.

Pour se rendre compte de l'influence exercée par l'atmosphère sur les roches qui forment la surface terrestre, il suffit d'examiner comparativement deux édifices construits avec les mêmes matériaux, mais d'âges très différents.

Tandis que l'édifice récent a ses pierres fraîchement taillées, avec des surfaces égales et bien dressées, l'édifice ancien offre des moellons disjoints, fendus, écaillés ou sillonnés de rides. La surface de ces moellons est recouverte d'une croûte terreuse

Fig. 2. — Rochers de granite désagrégés dans les montagnes de la Margeride (Massif central de la France).

facile à racler avec la lame d'un couteau ou même avec l'ongle. S'il s'agit d'une dalle portant une inscription gravée, les lettres seront d'autant moins lisibles que l'inscription sera plus ancienne; s'il s'agit de pierres sculptées, les fins détails du dessin auront disparu.

On dit parfois que ces pierres « sont rongées par le temps ». Il serait plus exact de dire qu'elles sont rongées par les actions atmosphériques.

De pareils phénomènes s'observent sur une grande échelle un peu partout à la surface du globe. Le sommet des montagnes est ordinairement formé de blocs de pierre désagrégés, autrefois réunis en une seule et même masse et qui se sont peu à peu séparés les uns des autres (fig. 2).

Au pied des grands escarpements de ces mêmes montagnes, on observe presque toujours des amas de terre et de blocs incohérents qui se sont détachés de la même manière. D'une année à l'autre, on peut voir ces *éboulis* augmenter de volume et l'on peut observer, à la surface des escarpements, les traces plus fraîches, comme les cicatrices, des dernières chutes.

L'oxygène, l'acide carbonique, l'eau, contenus dans l'atmosphère, jouent chacun leur rôle dans cette désagrégation des roches exposées à l'air.

7. *Action de l'eau atmosphérique.* — Quand il fait froid, la vapeur d'eau passe à l'état liquide, se condense à la surface des roches et pénètre dans toutes leurs fissures. Si le froid devient plus vif et qu'il gèle, cette eau, emprisonnée dans les fissures, exercera une pression considérable car, pour passer de l'état liquide à l'état solide, l'eau augmente de volume. De même que les tuyaux de conduite d'eau éclatent en hiver, par les grandes gelées, sous l'influence de cette pression, de même les diverses parties de la roche s'écarteront comme poussées par un coin, se sépareront et se réduiront peu à peu en miettes.

Les pierres poreuses ou fissurées, qui présentent plus que d'autres ce phénomène, sont dites *gélives*; de là l'expression : « il gèle à pierre fendre ». Elles ne résistent pas à l'action des hivers rigoureux et les architectes doivent éviter de les employer dans les constructions. Les roches gélives se montrent sur de grandes étendues de la surface terrestre qui sont ainsi soumises à une détérioration considérable.

8. *Action de l'oxygène.* — L'oxygène et l'acide carbonique ne produisent aucune action appréciable quand l'air est sec. Cette action ne se manifeste qu'en présence de l'eau; elle devient alors très importante.

Pour comprendre l'action de l'oxygène, il suffit d'examiner ce qui se passe quand on expose un morceau de fer à l'air

humide. Au bout de quelque temps, sa surface s'altère, perd
son aspect brillant; elle se recouvre d'une substance brune,
terreuse, la *rouille*, qui s'écaille facilement et qui résulte de
l'union du fer avec l'oxygène et l'eau atmosphériques.

Un phénomène analogue se produit pour beaucoup de roches.
Une couche pulvérulente se forme; cette couche se détache
facilement; la roche fraîche se montre de nouveau à nu; elle
est de nouveau attaquée et ainsi de suite jusqu'à ce que toute
la roche soit tombée en poussière. Le phénomène se produit
lentement mais d'une manière continue.

9. *Action de l'acide carbonique.* — Le gaz acide carbonique a, comme tous les acides, le vinaigre, le vitriol, l'eau-
forte, la propriété d'attaquer beaucoup de roches, notamment
celles qui fournissent de la chaux et qu'on appelle pour cette
raison des *calcaires* (du latin *calx*, chaux).

Quand l'air est bien sec, l'acide carbonique n'a pas d'action
appréciable. Sous le ciel clair de la Grèce, les monuments
et les statues de marbre (¹) de l'antiquité se sont merveilleu-
sement conservés. Dans les climats humides du Nord, les
roches calcaires sont rapidement corrodées et même dissoutes
par l'acide carbonique enfermé dans l'eau atmosphérique.

Quand une roche est composée, comme cela arrive souvent,
de parties non calcaires soudées ou cimentées par des parties
calcaires, celles-ci finissent par se dissoudre sous l'action de
l'eau chargée d'acide carbonique, les premières se disloquent,
se séparent et, finalement, se dispersent.

10. *Distinction du sol et du sous-sol.* — *Formation du
sol.* — Ainsi, l'atmosphère, dans son état de repos, décompose les roches solides. Elle est puissamment aidée par les
plantes, qui enfoncent leurs racines dans les joints des roches
et contribuent à les désagréger. C'est grâce à ce travail que se
forme le *sol* qui sert à la culture.

Le sol, composé d'éléments meubles, n'a généralement pas

(¹) Le marbre est une variété de calcaire.

une grande épaisseur. Au-dessous de lui vient la roche solide,
plus ou moins compacte, qui forme le *sous-sol* et dont l'épaisseur est énorme.

Cette distinction du sol et du sous-sol est facile à faire sur
les parois d'un puits ou sur une tranchée de route (fig. 3). Si
l'on prend une poignée de terre à la surface du champ dans
lequel ce puits ou cette tranchée sont creusés, et qu'on l'exa-

Fig. 3. — Tranchée de route montrant la formation du sol et du sous-sol
aux dépens de la roche vive.

mine, soit à l'œil nu, soit, si c'est nécessaire, au moyen d'une
loupe, on voit que cette terre n'est pas homogène ; elle est formée d'une poudre mélangée de détritus végétaux et de fragments plus ou moins gros d'une roche identique à celle du
sous-sol.

Le sol n'est donc que la partie superficielle, altérée et désa-
grégée du sous-sol, comme la rouille n'est que la partie superficielle du fer attaqué par l'oxygène et l'humidité de l'air. Le
sol représente en quelque sorte la *rouille* du sous-sol.

La nature du sol est par suite intimement liée à la nature du sous-sol. C'est là une notion précieuse qui montre combien les connaissances géologiques peuvent être utiles à l'agriculteur.

11. *Action géologique du vent*. — Le vent n'est autre chose que de l'air en mouvement. Il joue un rôle assez important lorsqu'il souffle sur des régions dépourvues de végétation (¹).

Tout le monde a pu constater que, dans nos pays, les jours de grand vent, le voyageur est incommodé par les tourbillons de poussière des routes, tandis que le vent qui passe sur les prairies voisines n'entraîne avec lui aucune particule terreuse.

Il y a, sur la terre, de vastes régions arides, dépourvues de végétation. Là, les roches désagrégées par les agents atmosphériques dont nous avons parlé, réduites à l'état de sable plus ou moins fin, de poudre plus ou moins légère, sont facilement balayées et transportées par le vent.

La surface terrestre se trouve ainsi modifiée de deux manières. D'une part, en dénudant ces régions, en débarrassant les roches de leur couverture superficielle de *rouille*, le vent favorise l'attaque de nouvelles surfaces fraîches et concourt au travail de destruction de ces régions. D'autre part, les poussières, balayées et soulevées par le vent, sont emportées plus ou moins loin, dans des lieux abrités, où elles s'accumulent pour former de véritables terrains dont la végétation pourra s'emparer et qui seront ainsi soustraits aux nouveaux effets des courants aériens. Il y a, en Chine, dans le bassin du Fleuve Jaune, des couches de terre jaune, qu'on appelle *lœss*, dont l'épaisseur atteint 600 mètres et qui ont été formées, au moins en grande partie, de cette manière.

12. *Dunes*. — Au bord de la mer, le sable des plages est soulevé par les vents du large qui tendent à le transporter

---

(¹) On donne parfois le nom d'*éoliens* (d'*Éole*, dieu du vent) aux phénomènes géologiques produits par le vent.

dans l'intérieur des terres. Il se forme ainsi des sortes de collines mouvantes qu'on nomme des *dunes*.

Le côté de ces collines, qui regarde la mer, offre une pente douce, un plan légèrement incliné, AB (fig. 4), sur lequel les grains de sable sont poussés par le vent. Parvenus à la crête de la colline, ces grains tombent sur le côté opposé, BC, qui est plus escarpé et, par leur accumulation, ils augmentent l'étendue de la dune. Arrivée à une certaine hauteur, celle-ci

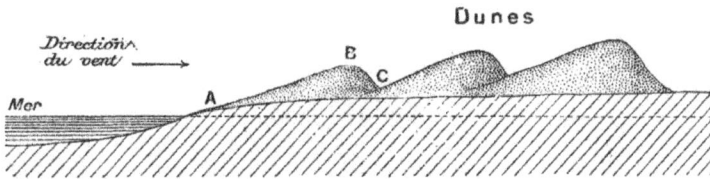

Dunes

Direction
du vent

Mer

Fig. 4. — Dunes au bord de la mer. Figure théorique.

ne s'accroît plus, mais il s'en forme une nouvelle en avant de la première, et ainsi de suite jusqu'au moment où il se présente un obstacle.

Ces dunes, situées au bord de la mer, sont dites *dunes maritimes* pour les distinguer des *dunes continentales* qui se forment dans les déserts, à l'intérieur des continents. Celles-ci sont plus grandes ; elles peuvent atteindre plus de 200 mètres de hauteur. Dans le Sahara, le vent chaud et violent, qu'on appelle le *simoun*, entraîne des nuages de sable et de poussière qui arrivent à obscurcir complètement la lumière du soleil, ensevelissent les caravanes et changent en quelques heures l'aspect du pays en déplaçant les collines de sable (fig. 6).

13. *Fixation des dunes*. — Les dunes maritimes s'observent en France, le long des côtes de la mer du Nord, de la Manche et de l'Atlantique, notamment aux environs de Dunkerque, en Bretagne et en Gascogne, dans le département des Landes.

En Bretagne, un village, situé aux environs de Saint-Pol-de-Léon, a été envahi par une dune marchant avec une vitesse

de 500 mètres par an. De même dans la Gironde, le village
de Vieux-Soulac. La figure 5 représente une maison située
près de cette dernière localité
et en partie ensevelie sous le   Fig. 5. — Maison à moitié ensevelie
sable.   sous les sables des dunes.

Fig. 6. — Dunes dans le Sahara.

Fig. 7. — Dune maritime fixée par une
plantation de pins (Arcachon).

Les dunes de la Gascogne,
cheminant avec une vitesse
de 20 à 25 mètres par an,
avaient pris au siècle dernier une extension si considérable, qu'on avait fini par
craindre de les voir arriver
jusqu'à Bordeaux. On dut
chercher à arrêter cet envahissement.

Un ingénieur français, Brémontier, employa divers moyens
dont le plus efficace fut la végétation.

Sur une surface couverte d'arbres, d'arbrisseaux ou même
d'herbe, le vent se brise; le transport du sable, entravé par

les végétaux, ne peut s'effectuer que très difficilement. On commença par semer des herbes, notamment des *Carex* ou Laiches des sables, puis des arbustes et enfin on planta des Pins maritimes. Ces opérations ont admirablement réussi (fig. 7). Une étendue de plus de 100 kilomètres de dunes a été ainsi fixée ; au lieu d'une contrée aride et sans valeur, on a maintenant des forêts estimées à plus de 25 millions et l'envahissement de la terre ferme par les sables de la mer a été définitivement arrêté.

14. *Autres effets du vent*. — L'action de transport du

Fig. 8. — Rochers en Californie. Le côté gauche, tourné vers les vents régnants, est érodé et poli ; le côté droit, protégé contre les vents, montre les cassures naturelles de la roche.

vent ne s'exerce pas seulement sur les produits de désagrégation des roches. Nous verrons plus tard que les volcans lancent parfois dans les airs d'énormes quantités de poussières qu'on nomme des cendres volcaniques, et que ces poussières sont transpor●●●●s les airs à des distances souvent prodigieuses.

Les sa●●●●les poussières entraînés par les vents exercent aussi une action destructive sur les obstacles qu'ils rencontrent. Ces particules, projetées avec violence sur les roches, finissent par les user en leur donnant parfois un poli tout particulier. C'est surtout dans les déserts qu'on observe ce phénomène. Là, toutes les roches faisant saillie à la surface sont

Fig. 9. — Tables rocheuses isolées par l'action du vent au Sahara.

dépourvues d'arêtes vives, surtout du côté des vents régnants (fig. 8).

On a utilisé, dans l'industrie, cette propriété qu'a le sable projeté avec violence de creuser les matières dures en inventant le soufflet à sable qui sert à graver le verre.

Dans certaines régions où les roches sont de dureté inégale, l'action du vent, s'exerçant plus rapidement sur les parties les plus tendres, peut isoler les blocs les plus durs qui se trouvent parfois perchés d'une manière fort pittoresque (fig. 9).

CHAPITRE II

LA NEIGE ET LES GLACIERS

15. *La pluie et la neige*. — Quand l'air est chaud, la
vapeur d'eau qu'il renferme est invisible. Quand l'air se refroidit, cette vapeur devient visible; on dit qu'elle se condense.
Les brouillards sont formés par de la vapeur d'eau transformée
en fines particules liquides. Les nuages, qui courent dans le
ciel, sont des amas de vapeur d'eau condensée. Tantôt les
nuages disparaissent, fondant en quelque sorte sous l'action
du soleil, tantôt ils se groupent; les particules liquides
qu'ils tiennent en suspension se réunissent pour former des
gouttes qui tombent sur la terre : c'est le phénomène de la
pluie.

Si le temps est froid, si le thermomètre marque une tem-

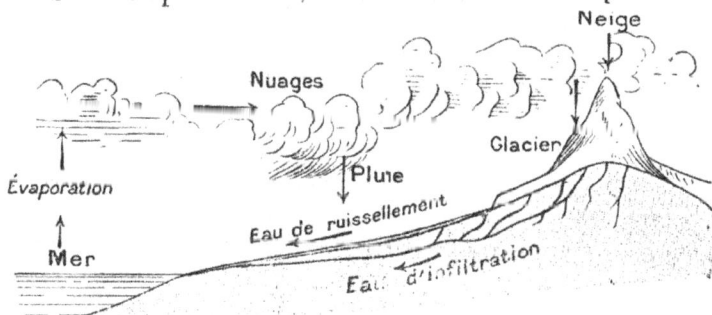

Fig. 10. — Schéma de la circulation de l'eau à la surface
et dans l'intérieur de la terre.

pérature inférieure à 0°, les particules liquides des nuages se
congèlent; au lieu de tomber de la pluie il tombe de la
neige.

Neige et pluie ont donc la même origine; elles proviennent

également de nuages de vapeur d'eau due à l'évaporation de
l'eau des mers, des lacs, des rivières, etc , sous l'influence du
soleil.

Cette neige et cette pluie retournent finalement à la mer
par les cours d'eau et le cycle recommence; il y a ainsi, entre
la terre et l'atmosphère, un échange perpétuel, une véritable
circulation qui joue dans la vie du globe, nous allons le voir,
un rôle analogue à celui de la circulation du sang chez les animaux ou de la sève chez les plantes (fig. 10).

La pluie et la neige se comportent d'une façon assez différente au point de vue géologique. Nous les étudierons séparément en commençant par la neige.

16. *Neiges perpétuelles.* — Tout le monde sait qu'il fait
plus froid dans les montagnes que dans les plaines. Plus on
s'élève dans l'atmosphère, plus la température s'abaisse et, à
partir d'une certaine hauteur, l'eau ne peut plus exister à l'état
liquide. Même au cœur de l'été, quand il pleut au pied des
Alpes, c'est de la neige qui tombe sur les sommets. Les chutes
de neige sont donc beaucoup plus abondantes dans les montagnes que dans les vallées.

Dans les villes et les plaines de notre pays, la neige ne
séjourne pas longtemps; les rayons du soleil, un réchauffement
de l'air, ne tardent pas à la faire disparaître.

Dans les montagnes de hauteur moyenne, comme celles de
l'Auvergne, par exemple, elle séjourne plus longtemps, à peu
près pendant la moitié de l'année, jusqu'à l'arrivée des jours
chauds; à ce moment, il en fond beaucoup plus qu'il n'en
tombe.

Mais les sommets des montagnes plus élevées, comme les
Alpes ou les Pyrénées, gardent toute l'année leur blanche
parure. Ici le soleil de l'été ne peut arriver à fondre complètement la neige de l'hiver.

Il y a, dans toute région montagneuse, une ligne séparant la
zone supérieure des neiges persistantes de la zone inférieure,
qui, chaque été, se débarrasse de la neige. Tout le long de
cette ligne, qui marque la *limite des neiges perpétuelles*, il

fond chaque année exactement autant de neige qu'il en tombe.

Cette limite n'est pas située à la même hauteur sur toute la terre, car les diverses régions du globe n'ont pas le même climat. Dans les régions tropicales, il faut s'élever jusqu'à 5000 mètres d'altitude pour la rencontrer, tandis que, dans les régions voisines du pôle, elle descend presque au niveau de la mer. Dans les pays intermédiaires, comme les Alpes ou les Pyrénées, elle est à 2800 mètres en moyenne (fig. 11).

Puisque, au-dessus de la ligne des neiges perpétuelles, il

Fig. 11. — Les neiges perpétuelles et les glaciers du mont Blanc.

tombe chaque année plus de neige qu'il n'en fond, cette neige devrait s'accumuler indéfiniment et surélever les montagnes. Il n'en est rien : les blancs sommets des Alpes et des Pyrénées ont gardé sensiblement le même aspect depuis que les hommes les connaissent. C'est que la neige descend dans les régions inférieures pour être fondue et cette descente se fait de deux façons : brusquement par les *avalanches* et lentement par les *glaciers*.

17. *Avalanches*. — Ce sont des masses de neige qui, entassées sur des pentes trop raides, dans un état d'équilibre instable, s'écroulent avec fracas, glissent ou roulent sur ces pentes, entraînent avec elles des pierres et de la boue et finissent par s'écraser au pied des montagnes ou dans les parties inférieures des vallées.

Les avalanches se forment presque toujours sur les mêmes points; elles empruntent ordinairement les mêmes chemins, qu'on appelle des *couloirs d'avalanches*, et dans le voisinage desquels les montagnards ont soin de ne pas construire d'habitations. Aussi les avalanches ne font guère de victimes que parmi les alpinistes imprudents.

Parfois, cependant, elles produisent des désordres dans les terrains cultivés des parties basses des vallées. On a cherché à lutter contre elles en établissant une série de barrages à travers les couloirs de descente, au moyen de branchages entrelacés et fixés par des pieux et en plantant des arbres sur les flancs dénudés de la vallée. Les arbres divisent les masses de neige, amortissent leur vitesse et leur ménagent une descente moins brutale.

18. *Formation des glaciers*. — La neige tombe, sur la montagne comme dans la plaine, sous forme de flocons légers formés d'élégants cristaux enchevêtrés et séparés par des vides remplis d'air (fig. 12). Cette neige fraîche ne tarde pas à se tasser et à se durcir.

D'une part, en effet, sous l'influence des rayons solaires, la surface de la neige fond pendant le jour; les gouttelettes d'eau ainsi produites s'enfoncent dans la masse, pénètrent dans les interstices des cristaux de neige. Là elles se refroidissent et se solidifient de nouveau, cimentant les particules de la neige inférieure et rendant celle-ci plus compacte.

D'autre part, dans les dépressions du sol et les cirques où elle s'accumule, la neige inférieure supporte le poids de celle qui la surmonte. Et, de même qu'on peut rendre une boule de neige dure et compacte en la pressant entre les doigts pour rapprocher les cristaux et expulser l'air, de même les pressions que les neiges éternelles exercent sur elles-mêmes la transforment en une masse beaucoup plus lourde et plus compacte qu'on appelle le *névé*.

Celui-ci, obéissant aux lois de la pesanteur, et poussé par les neiges supérieures, descend lentement les pentes plus ou moins raides des montagnes, remplit les dépressions, se réunit à des masses pareilles provenant des pentes voisines et gagne une vallée.

Au cours de ce voyage, le névé est devenu de plus en plus cohérent et compact, et, les bulles d'air ayant été complètement expulsées,

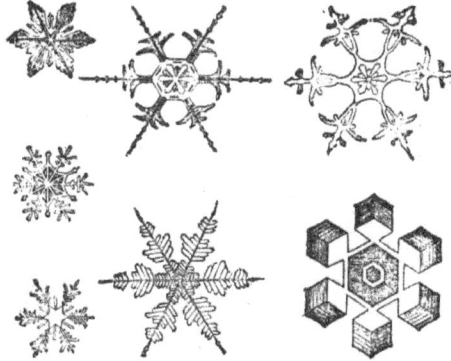

Fig. 12. — Cristaux ou *fleurs* de neige.

il s'est peu à peu transformé en glace bleuâtre et demi-transparente. Chaque champ de neiges perpétuelles projette ainsi, dans les ravins ou les vallées, des langues de glace qu'on nomme des *glaciers* (fig. 13).

Les glaciers peuvent descendre bien au-dessous de la limite des neiges perpétuelles. Mais, comme ils gagnent ainsi des régions de plus en plus chaudes, leur fusion s'opère de plus en plus vite. Bientôt, l'ardeur du soleil et la température de l'air sont suffisantes pour fondre toute la glace à mesure qu'elle avance. Alors le glacier se termine et les eaux de fusion donnent naissance à un cours d'eau, le *torrent gla-ciaire* (fig. 14).

19. *Exemples de glaciers*. — La longueur d'un glacier dépend surtout de l'importance des champs de neiges et de névés qui l'alimentent. On distingue à cet égard deux sortes de glaciers : les glaciers *suspendus*, localisés sur les fortes pentes, dans la région des sommets; les glaciers *encaissés*, logés dans de profondes dépressions et qui se prolongent dans des vallées dont elles remplissent le fond sur une longueur plus considérable.

Les Pyrénées n'ont que des glaciers suspendus. Les Alpes, surtout les Alpes suisses, ont de nombreux glaciers encaissés. Le plus important est celui d'Aletsch, qui a 24 kilomètres de longueur ; notre belle Mer de Glace, à Chamonix (Haute-Savoie), mesure 12 kilomètres.

La Scandinavie, l'Islande offrent de vastes champs de neiges et de névés qui se frangent de glaciers arrivant parfois très près de la mer. Les montagnes de l'Asie centrale ont aussi de nombreux courants de glace qui atteignent d'énormes dimensions ; l'un d'eux, dans la chaîne du Karakoroum, a 100 kilomètres de longueur. Les Montagnes Rocheuses n'ont de glaciers que dans la partie septentrionale de la chaîne.

20. *Mouvements des glaciers*. — Bien qu'ils paraissent immobiles, les glaciers sont doués de mouvements de progression connus depuis longtemps.

Souvent des objets perdus par des excursionnistes à la surface des glaciers des Alpes furent retrouvés, quelques années plus tard, à un niveau beaucoup plus bas. Une échelle, abandonnée, au pied de l'aiguille Noire, par un savant naturaliste genevois, de Saussure, lors de son ascension au mont Blanc en 1788, a été vue en 1832, 44 ans après, à 4050 mètres en contre-bas : le glacier avait donc progressé de 92 mètres par an. Même les cadavres d'excursionnistes, victimes de catastrophes, sont rendus au jour au bout d'un certain temps. En 1861, le glacier des Bossons, dans le massif du mont Blanc, restitua les restes et les objets d'équipement de trois guides tombés depuis 41 ans dans une crevasse supérieure.

Il est facile de mesurer, d'une manière précise, les mouvements des glaciers (fig. 15). Pour cela on plante une série de piquets en ligne droite sur le glacier (1, 2, 3, 4, 5) et sur les deux rives (A, B). Au bout d'un certain temps on s'aperçoit que les piquets enfoncés dans la terre ferme (A,B) n'ont pas bougé tandis que ceux qui ont été plantés dans la glace se sont

Fig. 13. — Le glacier de la Pilatte d'où sort le Vénéon (Isère).

Fig. 14. — Torrent sous-glaciaire sortant
du glacier de Buar (Norvège).

déplacés. Ces derniers ne sont plus disposés en ligne droite :
les uns ont progressé plus vite que les autres. Les piquets 1
et 5, placés près des bords, ne sont pas très éloignés de leur
point de départ ; les piquets 2 et 4, placés à une plus grande
distance du bord, se sont éloignés davantage ; le piquet 5,
placé au milieu du glacier, est celui qui a progressé le plus
rapidement.

La vitesse d'un glacier varie donc suivant les points, tout

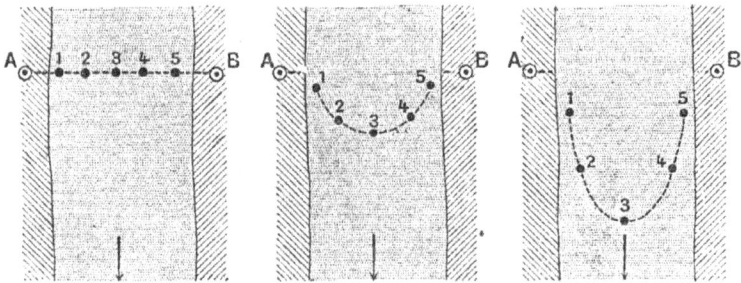

Fig. 15. — Figure théorique montrant comment on mesure
les mouvements des glaciers.

comme la vitesse d'un cours d'eau. A cause des frottements sur
les rives, cette vitesse est moins grande aux bords du glacier
qu'au centre. On constate encore qu'elle est plus rapide là
où le glacier se rétrécit, dans un défilé, que là où il s'élargit
en s'étalant

La vitesse *moyenne*, c'est-à-dire la vitesse au milieu des
glaciers, varie dans les glaciers alpins de quelques centimètres
à un mètre. On a calculé qu'un flocon de neige, tombé sur le
sommet de la Jungfrau (en Suisse), met plus de quatre siècles
pour arriver à l'extrémité du glacier d'Aletsch.

La glace se comporte ainsi comme une substance plastique
ou pâteuse qui s'écoule avec lenteur. C'est avec raison qu'on
applique souvent aux glaciers le terme de *fleuves* ou de *rivières
de glace.*

21. *Divers accidents des glaciers.* — La surface d'un
glacier est loin d'être plane et uniforme ; elle présente des
accidents variés

Les plus importants sont les *crevasses* (fig. 16). Quand elle rencontre des obstacles ou que l'inclinaison de son lit change trop brusquement, et malgré qu'elle soit douée d'une certaine plasticité, à la manière de la terre glaise, la glace peut se rompre et se fissurer pour former des crevasses profondes. Il y a des crevasses longitudinales, c'est-à-dire dirigées dans le sens de l'écoulement du glacier; il y a des crevasses trans-

Fig. 16. — Touristes franchissant une crevasse de glacier dans les Alpes.

Fig. 17. — Les séracs de la Mer de glace (Haute-Savoie).

Fig. 18. — La table du glacier de Taléfre (Haute-Savoie).

versales, c'est-à-dire perpendiculaires aux premières. Quand des crevasses longitudinales et transversales se produisent sur les mêmes points, elles donnent, en se coupant, naissance à des piliers, à des prismes ou à des aiguilles qu'on appelle des *séracs* et qui sont parfois d'une grande beauté (fig. 17).

Les crevasses sont des gouffres béants qui rendent difficile

et parfois dangereuse la traversée des glaciers, surtout quand
elles sont dissimulées par des ponts de neige.

Pendant les journées chaudes de l'été, le soleil fond la partie
superficielle du glacier; il se forme ainsi de petits ruisselets
qui serpentent à la surface et finissent par se perdre dans une
fissure ou une crevasse. Parfois ces ruisselets creusent en
tombant des puits circulaires qu'on appelle des *moulins*. De
toutes façons, ces eaux de fusion gagnent le fond du glacier,
se frayent un chemin entre la glace et son lit et finissent par
sourdre à l'extrémité du glacier pour former le *torrent glaciaire*.

Enfin, d'autres accidents pittoresques sont les *tables des
glaciers*. On donne ce nom à de grosses pierres portées par
un pilier ou un piédestal de glace. Cette disposition s'explique
facilement. Les pierres reposaient primitivement à la surface du glacier; le soleil a peu à peu fondu la glace tout
autour, en respectant celle qui, étant en contact avec la
pierre, se trouvait protégée par elle. Aussi les tables des glaciers sont-elles inclinées vers le Sud, c'est-à-dire vers le soleil
(fig. 18).

22. *Phénomènes de transport des glaciers.* — Il y a,
dans la région des neiges éternelles, des sommets dont les
pentes sont tellement raides, verticales ou en surplomb, que
la neige ne peut les recouvrir. Ces sommets sont donc soumis
à l'action destructive de l'atmosphère, action particulièrement
énergique à ces altitudes. Sous l'influence répétée des fortes
gelées, les roches éclatent, s'effritent. Les blocs s'éboulent,
roulent sur les flancs de la vallée et arrivent jusqu'au
glacier.

Là ils forment des traînées de matériaux ou *moraines latérales*, que le glacier transporte, en quelque sorte, sur son dos
et qui, cheminant avec lui jusqu'à son extrémité, viennent se
déverser en avant du front du glacier pour former un énorme
remblai : la *moraine frontale* (fig. 19).

Quand deux glaciers ou deux branches de glacier se rejoi-
gnent, la moraine latérale droite de l'un et la moraine latérale

gauche de l'autre se réunissent et n'en font plus qu'une. Celle-ci occupe maintenant le milieu du fleuve de glace; on l'appelle *moraine médiane*.

Les blocs ainsi transportés par les glaciers sont dits *erratiques* (du latin *errare*, s'égarer) (fig. 19). Ils peuvent attein-

Fig. 19. — Dessin théorique d'un glacier montrant comment se forment les moraines

dre des dimensions colossales et avoir un volume de plusieurs milliers de mètres cubes.

23. Phénomènes d'érosion glaciaire. — Nous avons vu que la surface des glaciers présente de nombreuses crevasses. Il arrive très souvent que des pierres ou des blocs de moraines latérales et médianes tombent dans ces crevasses et se trouvent bientôt enchâssés dans la glace, soit au voisinage du bord, soit au fond du glacier où ils constituent une *moraine profonde*. Comme ils progressent en même temps que le glacier, ces cailloux font l'office de burins énormes et puissants, au moyen desquels le glacier rabote son lit, y creuse des sillons parallèles dans le sens du mouvement de la glace, couvre les parois rocheuses de fines stries et arrive même à leur faire subir un véritable polissage. Ces roches ainsi arrondies, striées et polies par les glaciers, sont dites : *roches moutonnées* parce qu'on les a comparées aux dos de moutons réunis en troupeaux. (Voir plus loin, fig. 24.)

Le produit de ce broyage, de cette trituration, est une vase, ou *boue glaciaire*, qu'entraîne l'eau de fusion du glacier.

Fig. 20. — Caillou strié par un glacier.

Quant aux pierres qui ont servi de burins, arrivées au terme de leur voyage, elles sont débarrassées de leur enveloppe de glace et rejetées avec les autres matériaux erratiques. Mais on les distinguera toujours de ces derniers parce que, s'étant usées elles-mêmes en usant le lit du glacier, elles sont aussi dépourvues d'angles vifs et recouvertes de stries. Ces *cailloux striés* (fig. 20) sont très caractéristiques des formations glaciaires.

24. *Glaciers polaires*. — Tels sont les glaciers de nos montagnes. Dans les contrées boréales, les glaciers sont bien plus développés.

Ils prennent également naissance dans les régions élevées, mais, comme ici la température est plus basse, que la limite des neiges perpétuelles est parfois très près du niveau de la mer, les glaciers des contrées polaires descendent dans les parties les plus inférieures des vallées, s'avancent dans les plaines. Là, plusieurs glaciers se réunissent et forment une véritable nappe ou mer de glace s'étendant jusqu'à la mer (fig. 21). Le Groenland est presque entièrement recouvert par une telle calotte glaciaire qui a reçu le nom d'*inlandsis* (mot

Fig. 21.

Glacier polaire
se terminant dans la
mer. (Grœnland.)

Fig. 22. — Vue d'un iceberg.

d'origine scandinave) et qui n'a pas moins de deux millions de kilomètres carrés.

C'est à deux savants et intrépides explorateurs norvégiens, Nordenskjoeld et Nansen, que nous devons la plupart de nos connaissances sur l'océan de glace groenlandais. Nansen, qui en a effectué la traversée en 1888 par des températures descendues à 50° de froid, a évalué l'épaisseur de l'inlandsis à près de deux kilomètres. La vitesse de ces glaciers polaires est de dix à vingt fois plus rapide que celle des glaciers alpins. Elle peut aller jusqu'à 30 mètres par jour.

Quand les glaciers des contrées boréales pénètrent dans la mer, leur extrémité, ne reposant plus sur le sol, ne tarde pas à se briser avec fracas et à se débiter en portions qui, devenues libres, flottent à la surface de la mer, au gré des courants. Ce sont les *icebergs* ([1]). La partie qui s'élève au-dessus des vagues ne représente qu'une faible partie du volume total de l'iceberg (fig. 22). Pour s'en convaincre, il suffit de regarder un morceau de glace dans un verre : la partie immergée est environ 7 fois plus grande

Fig. 23. — Bloc erratique déposé par un ancien glacier aux environs d'Aurillac (Cantal).

que la partie hors de l'eau. Quand le glacier d'où ils proviennent est très épais, les icebergs peuvent présenter des dimensions colossales. On en a vu qui devaient avoir 1000 mètres, de la base au sommet. Les icebergs de 300 mètres d'épaisseur sont très fréquents.

Ces glaces flottantes ne fondent que peu à peu, à la longue ; on en rencontre à plusieurs centaines de kilomètres de distance des glaciers qui leur ont donné naissance. Chaque année, au printemps, les abords de Terre-Neuve et tout le nord de l'Atlantique sont encombrés de glaces flottantes.

25. *Anciens glaciers*. — Sur une foule de points de la surface du globe et bien en dehors des limites des glaciers actuels, on observe un certain nombre de phénomènes qui montrent qu'à certains moments de l'histoire de la Terre les glaciers ont pris un développement extraordinaire.

([1]) De l'anglais *ice*, glace, et de l'allemand *berg*, montagne : montagne de glace.

Ici ce sont des blocs erratiques énormes, éloignés parfois de plus de 100 kilomètres de leur pays d'origine (fig. 23). Là, ce sont des monticules de matériaux arrangés tout à fait comme les moraines. Ailleurs, les roches qui affleurent sont arrondies, striées, polies, comme les roches moutonnées par les glaciers actuels (fig. 24). Plus loin, ce sont des cailloux striés, noyés dans une terre grise identique à la boue glaciaire.

Il n'est pas possible de se méprendre sur la portée de ces observations. Elles nous apprennent, par exemple, que les glaciers des Alpes se sont avan-

Fig. 24. — Roches moutonnées par d'anciens glaciers en Finlande.

cés autrefois jusqu'à Lyon, ceux des Pyrénées jusque près de Tarbes; que les montagnes de l'Auvergne, actuellement dépourvues de glaciers, en avaient alors de puissants. Enfin, nous savons ainsi qu'à un certain moment de l'histoire de la Terre tout le nord de l'Europe a été recouvert d'une calotte de glace analogue à l'inlandsis actuel du Groenland.

CHAPITRE III

LA PLUIE ET LES COURS D'EAU

26. *Rôle géologique de la pluie.* — Comme l'air humide, mais d'une façon encore plus intense, la pluie désagrège, décompose, dissout les roches, à cause de l'oxygène et de l'acide carbonique qu'elle tient en dissolution.

Elle a de plus un rôle mécanique; chaque goutte projetée sur une surface déjà attaquée débarrasse cette surface des produits d'altération et remet la roche à vif. Les blocs de pierre exposés à la pluie ne tardent pas à perdre leurs arêtes vives. Tout le monde sait que l'action d'une goutte d'eau répétée des milliers de fois finit par creuser un trou dans les roches les plus dures.

Si les diverses parties d'un même terrain ou d'un même bloc offrent des résistances différentes, l'usure se fait inégalement et parfois de la façon la plus pittoresque. Les étonnants chaos de rochers si bizarrement sculptés de Montpellier-le-Vieux, dans l'Aveyron (fig. 25), ceux de Païollve, dans l'Ardèche, n'ont pas d'autre origine.

27. *Ce que devient la pluie.* — La pluie qui tombe dans la mer, les lacs ou les rivières, est directement restituée au réservoir commun.

Pour savoir ce que devient la pluie qui tombe sur la terre ferme, voyons ce qui se passe dans la campagne pendant un orage. Avant l'averse, le sol est meuble, les roches sont échauffées par le soleil ; les fossés des chemins sont à sec, la rivière voisine est basse.

Si la pluie tombe en abondance, l'eau ne tarde pas à ruisseler en d'innombrables petits filets qui suivent les pentes, se réunissent pour former des filets plus volumineux, lesquels gagnent bientôt le fossé ou le ruisseau le plus voisin pour se rendre à la rivière, laquelle, finalement, se jette dans la mer. Ainsi *une première partie de l'eau de pluie ruisselle à la surface du sol, va grossir les rivières, et, par elles, retourne à la mer.*

La pluie a cessé : la terre, les plantes, les roches, sont main-

Fig. 25. — Un des rochers de Montpellier-le-Vieux : la porte de Mycènes.

tenant recouvertes d'une mince couche d'eau. Mais le soleil reparaît ; sous l'influence de ses chauds rayons, cette couche superficielle s'évapore et retourne dans l'atmosphère pour former de nouveaux nuages ; donc *une deuxième partie de l'eau de pluie s'évapore.*

Faisons maintenant un trou dans la terre qui, tout à l'heure, était complètement desséchée : nous voyons qu'elle est imbibée d'eau comme une éponge mouillée. Nous dirons donc qu'*une troisième partie de l'eau de pluie pénètre dans le sol.*

Il nous faut étudier plus attentivement le phénomène de pénétration de l'eau dans le sol et le phénomène de ruissellement.

Eau de pénétration.

L'eau qui pénètre dans la terre ne se perd pas. Tout comme l'eau qui ruisselle à la surface, elle se rend à la mer. La seule différence, c'est qu'elle prend un autre chemin.

28. Roches perméables et imperméables. — Pour que l'eau puisse pénétrer dans l'intérieur des roches, il faut que

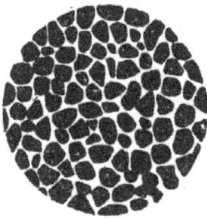  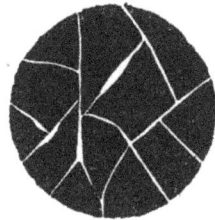

Fig. 26. — Structure d'un sable.   Fig. 27. — Structure d'une argile.   Fig. 28. — Structure d'une roche compacte fissurée.

ces roches présentent des vides ou des interstices qui lui servent de passage. A cet égard, on les divise en deux catégories : les roches *perméables* et les roches *imperméables*.

Les *sables* fournissent les meilleurs exemples de roches perméables ; ils sont formés par des grains de grosseur à peu près uniforme qui ne se touchent que par quelques points et laissent entre eux de nombreux vides permettant à l'eau de circuler facilement (fig. 26). Aussi les sols sableux, qui ne peuvent retenir l'eau, sont-ils des terrains essentiellement secs.

Les *argiles*, formées par des particules très fines, très rapprochées les unes des autres, ne laissant pas entre elles de vides appréciables (fig. 27), sont, au contraire, le type des roches imperméables. Aussi les sols argileux sont-ils toujours humides ; ils restent longtemps détrempés après les pluies ; sur les territoires argileux, les chemins sont sillonnés d'ornières fangeuses. Les plantes qui aiment l'humidité prospèrent sur les terrains argileux.

Des roches dures, de nature très compacte, ayant leurs particules également très serrées, comme le granite, les calcaires, sont cependant perméables, mais d'une autre manière. Ici, ce sont des fissures ou des cassures, qui traversent la roche dans tous les sens et servent de chemins à l'eau d'infiltration (fig. 28).

En réalité, les roches sont toutes plus ou moins perméables. Les unes le sont beaucoup, comme les sables ; les autres le sont extrêmement peu, comme les argiles ; mais à la longue elles se laissent toutes pénétrer.

Les roches sont donc toujours imbibées d'eau. Quand on extrait des pierres de taille de la carrière, elles sont plus lourdes que lorsqu'elles sont restées exposées à l'air. C'est parce qu'elles renferment de l'*eau de carrière* qu'elles perdent ensuite par l'évaporation. Dans les mines, les travailleurs sont gênés par l'eau qui suinte de tous côtés et ne tarderait pas à envahir les chantiers si l'on n'avait soin de la pomper.

29. *Puits.* — Le sol et le sous-sol peuvent donc être comparés à une sorte d'éponge gigantesque retenant de l'eau dans tous ses pores. Si l'on vient à creuser un trou, c'est-à-dire à produire une cavité dans cette masse imprégnée d'eau, on ne tarde pas à voir le liquide obéir aux lois de la pesanteur, suinter par tous les vides, toutes les fissures, ruisseler sur les parois de l'excavation et se réunir dans le fond du trou.

On a créé ainsi une sorte de réservoir artificiel où l'eau s'accumulera si le fond est étanche, c'est-à-dire imperméable. C'est ce qu'on appelle un puits.

30. *Sources.* — Ce que l'homme produit artificiellement existe aussi dans la nature. Les roches présentent des joints, des fissures plus ou moins larges, parfois même de véritables cavités où les eaux de pénétration se rassemblent. Si ces fissu-

res, ces joints, ces cavités, viennent s'ouvrir à l'extérieur dans
un point bas, l'eau, trouvant une issue, en profite pour s'épan-
cher au dehors en formant une source.

Les sources peuvent avoir des origines plus ou moins pro-

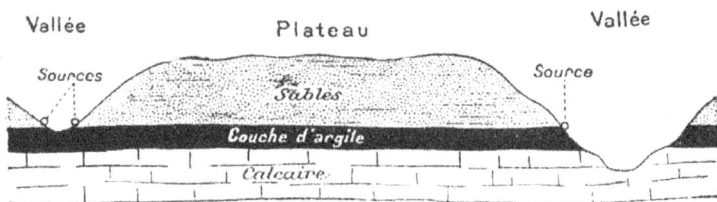

Fig. 29. — Coupe géologique pour expliquer l'origine des sources.

fondes. Supposons, par exemple (fig. 29), que dans un pays
on trouve des couches de nature différente, alternativement
perméables et imperméables. L'eau qui tombe sur le plateau
pénètre facilement dans la couche perméable, et, comme elle
tend toujours à descendre, elle ne tarde pas à arriver à la
partie inférieure de cette couche. Là, elle rencontre la roche

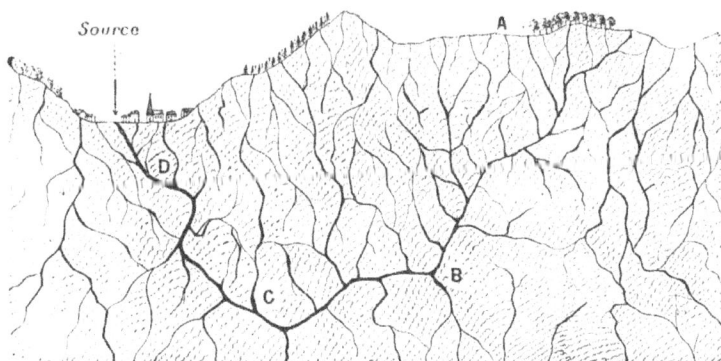

Fig. 30. — Dessin théorique montrant l'origine profonde d'une source.

imperméable qui la retient et lui permet de s'accumuler pour
former ce qu'on appelle une *nappe aquifère*. Comme le fond
de la vallée est situé à un niveau inférieur, les eaux de cette
nappe tendront à s'échapper aux points de contact des deux
couches dans la vallée et cette ligne de jonction sera jalonnée

par des sources. L'origine de celles-ci est donc assez superficielle.

Des cas se présentent où l'eau revient à la surface de la
terre après avoir effectué un voyage plus long et surtout plus
profond. Supposons un pays formé par des roches compactes,
très dures, mais fissurées comme du granite (fig. 30). L'eau
tombant sur les parties élevées A pénétrera dans les fissures,
tendra à descendre toujours plus bas et à se réunir dans les
canaux les plus larges B, C. Elle pourra ainsi s'enfoncer à
plusieurs centaines ou milliers de mètres de profondeur jusqu'au moment où, le canal venant à s'obstruer ou à prendre
une direction différente C, elle sera forcée, par les pressions
qu'elle supporte, à remonter par d'autres fissures D. Celles-ci,
s'ouvrant à l'extérieur dans les vallées, y forment des sources
dites *jaillissantes* parce que la sortie de l'eau s'effectue avec
une certaine violence due à la pression qui la pousse.

31. Puits artésiens. — Parfois de grandes nappes aqui-
fères se trouvent emprisonnées à des profondeurs considérables entre deux couches imperméables ou simplement au-
dessous d'une couche imperméable (fig. 31). Si ces couches

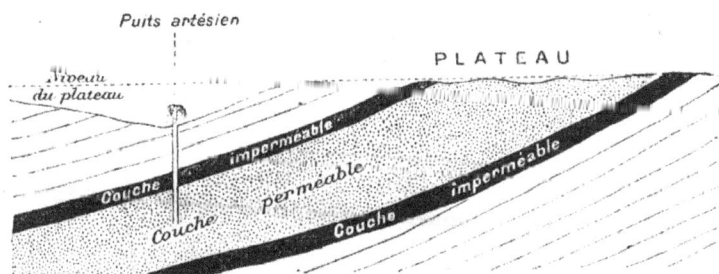

Fig. 31. — Dessin théorique d'un puits artésien.

sont inclinées et si, par un moyen artificiel, en creusant un
puits suffisamment profond, on établit une communication
entre la nappe aquifère et l'extérieur, les eaux, poussées par
tout leur poids, et en vertu du principe des vases communi-
cants, profiteront de cette issue pour jaillir au dehors comme
dans le cas précédent.

Ces sortes de puits sont dits *artésiens*, parce que c'est dans l'Artois qu'ils ont d'abord été creusés en France, mais ils étaient connus des anciens Égyptiens.

Fig. 32. — Puits artésien de Sidi-Sliman (Algérie).

A Paris, les puits artésiens de Grenelle et de Passy ont été creusés à 548 et 580 mètres de profondeur, jusqu'à la rencontre d'une couche de sables verts qui affleure en Champagne sur des plateaux d'altitude plus considérable que celle de la ville de Paris.

A Berlin, un puits artésien descend à plus de 1300 mètres.

Dans le Sahara algérien, les puits artésiens sont aujourd'hui nombreux (fig. 32); ils ont permis de créer ou d'améliorer de nombreuses oasis.

52. *Travail de l'eau souterraine.* — *Sources minérales*. — En circulant entre les particules ou dans les fissures des roches, l'eau de pluie ne reste pas inactive. Grâce au pouvoir dissolvant dont nous avons parlé plus haut, cette eau attaque les roches profondes et leur enlève une partie de leur substance.

Tandis, en effet, que l'eau de pluie, au moment de sa chute, est à peu près pure, l'eau de source, c'est-à-dire l'eau de pluie qui a passé au travers des roches, renferme toujours diverses substances en dissolution. Quand elle a circulé dans des roches calcaires, elle renferme du calcaire; quand elle a traversé des couches de gypse, ou de pierre à plâtre, elle renferme du gypse; elle est salée, si elle a trouvé du sel gemme sur son parcours; elle est ferrugineuse, si elle a rencontré des minerais de fer, etc.

Si les eaux sont particulièrement riches en substances étrangères, empruntées de cette façon aux roches qu'elles ont traversées, on dit qu'elles sont minéralisées, ou simplement *minérales*. Les sources minérales ont, en général, une origine plus profonde que les sources ordinaires. Nous verrons plus tard pourquoi.

33. Cavernes. — *Cours d'eau souterrains.* — En circulant dans certaines roches fissurées, notamment dans les

Fig. 33. — Dessin et coupe théoriques d'un plateau coupé par une gorge profonde. Les couches calcaires présentent de nombreuses cavernes C. Au point O, se voit l'ouverture extérieure d'une de ces cavernes. En P, puits ou gouffres verticaux ouverts à la surface du plateau. Les eaux qui ont circulé dans les cavernes peuvent sortir en S pour former une source vauclusienne.

calcaires, les eaux souterraines élargissent les fissures et produisent des vides de grandes dimensions, les *cavernes* ou *grottes*, qui s'ouvrent souvent au dehors par des orifices plus ou moins vastes. Dans ces cavernes, les eaux d'infiltration se rassemblent et peuvent arriver à former de véritables cours

Fig. 54. — Le puits de Padirac vu de l'extérieur.

d'eau souter-
rains, qui se dé-
versent à l'exté-
rieur sous forme
de fontaines puis-
santes, dites *vau-
clusiennes*, du
nom de la célèbre
source du Vau-
cluse qui a cette
origine.

Il y a en Fran-
ce, dans les dé-
partements de la
Lozère, de l'Avey-
ron, du Lot, de
grands plateaux
calcaires qu'on

Fig. 55. — Le puits de Padirac vu du fond.

Fig. 36. — La rivière souterraine de Padirac.

appelle des *causses* (d'un mot patois qui veut dire : chaux, terre
calcaire). Ces plateaux, brisés, fissurés, absorbent les pluies

avec la plus grande facilité. L'eau circule au sein des couches, les affouille, les dissout, élargit les cavités souterraines,
qui forment un véritable réseau dans l'intérieur des causses,

Fig. 37. — Le tun-
nel du Bonheur.
(Entrée de la
rivière.)

Fig. 38. — La
cascade de
Bramabiau.
(Sortie de la
rivière.)

et finit par se faire jour au fond
des gorges pittoresques où les
grands cours d'eau de la région, le Lot, le Tarn, se sont creusé
leur lit (fig. 53).

Quand une de ces cavités souterraines a son plafond très
près de la surface extérieure du sol, ce plafond s'amincit peu
à peu et finit par s'écrouler. Il se produit alors un gouffre
béant, un abîme comme le puits de Padirac (Lot), qui a 50 mè-

tres de diamètre et 80 mètres de profondeur (fig. 34 et 35). Du fond de ce puits part une longue caverne où se voit une salle, dite le *Grand Dôme*, dont la hauteur est de 90 mètres et qui représente un nouvel abîme en formation.

Si un cours d'eau extérieur rencontre un de ces gouffres ou l'entrée d'une caverne, il s'y précipite et, après un parcours souterrain plus ou moins long, il revoit la lumière du jour. La caverne de Padirac renferme une rivière souterraine sur laquelle les touristes peuvent circuler en barque (fig. 36). La caverne du Mas d'Azil, dans l'Ariège, n'est autre chose qu'une longue et spacieuse galerie où coule la rivière l'Arize.

Parfois, le parcours des cours d'eau souterrains est très accidenté. Il y a, dans la Lozère, une petite rivière qui s'appelle *le Bonheur* et qu'on voit s'engouffrer dans un tunnel naturel (fig. 37), puis disparaître dans des puits profonds. Un explorateur intrépide, M. Martel, est descendu dans ces puits, a suivi le cours d'eau à travers les passages les plus difficiles jusqu'au point où une magnifique cascade, dite *Bramabiau* (mot patois qui veut dire : le Bœuf qui brame), s'échappe avec fracas des flancs d'une falaise rocheuse (fig. 38). Avant lui on ne savait pas que Bramabiau n'est que la réapparition du Bonheur.

La plupart des cavernes sont aujourd'hui dépourvues de cours d'eau souterrains, mais presque toutes renferment des traces d'anciens cours d'eau : les parois sont usées, arrondies par le passage des courants, les fonds sont tapissés de cailloux roulés ou de sables amenés par les rivières qui les ont creusées.

34. **Stalactites et stalagmites.** — Les cavernes sont ordinairement très pittoresques à cause des *stalactites* et des *stalagmites* qu'elles renferment. Ces noms désignent des masses de roches blanches, présentant les formes les plus variées, d'obélisques, de colonnes, de vasques, de draperies, s'élevant du plancher de la grotte ou comme suspendues au plafond (fig. 39 et 40). En cassant un morceau de cette roche, on voit qu'elle est formée d'une substance cristalline, translucide et même parfois transparente comme du cristal et qui

n'est autre chose que du calcaire pur ou carbonate de chaux.
Ces curieux accidents sont encore dus à l'action des eaux

Fig. 39. — Intérieur de la caverne de Dargilan (Lozère).

souterraines. Celles-ci n'arrivent à suinter sur les parois des
cavernes qu'après avoir traversé toute l'épaisseur des couches

calcaires qui les séparent de la surface extérieure du pays et
s'être chargées de carbonate de chaux. En revenant à l'air et
en s'évaporant, l'eau doit laisser une partie de ce calcaire se
déposer; chaque goutte qui suinte abandonne ainsi, sur le
point de la voûte d'où elle se détache, un très mince dépôt qui
va s'épaississant au fur et à mesure qu'augmente le nombre de
gouttes. Ce dépôt forme bientôt un petit cône qui s'allonge et
devient une stalactite (du grec *stalaktos,* qui dégoutte).
Comme la goutte n'a pas eu le temps d'abandonner tout le
calcaire qu'elle te-
nait en dissolution
et qu'elle tombe sur
le sol, elle produit,
sur le plancher de la
grotte, un nouveau
dépôt qui s'accroît
comme le premier,
mais en sens inverse,
et forme un nouveau
cône, dont la pointe
est tournée vers le
haut : c'est une sta-
lagmite (du grec *sta-
lagmos,* filtration).
A la longue, les deux
cônes peuvent se re-
joindre pour former
une colonne. La fi-
gure 41 est la pho-

Fig. 40. — Stalagmites de l'aven Armand,
dans la Lozère.

tographie d'une stalactite et d'une stalagmite sur le point de
se rejoindre.

Quand les gouttes suintent le long d'une fissure, on conçoit
qu'il se forme non plus des colonnes mais de véritables nappes
de dépôts calcaires rappelant des draperies tendues.

Ordinairement le sol entier des cavernes est recouvert d'une
couche de stalagmite.

Les pluies d'orages entraînent souvent, dans des crevasses du sol ou dans les couloirs qui aboutissent à des cavernes, de la terre, des pierres et tout ce qu'elles trouvent à la surface du sol extérieur. Il se forme ainsi de véritables dépôts, qui ensevelissent les squelettes des animaux auxquels ces excavations ont servi de repaire. Aussi les grottes renferment-elles beaucoup d'ossements d'Ours, de Loups et d'Hyènes qui ont disparu de notre pays depuis très longtemps.

35. Principales cavernes. — Les cavernes comptent parmi les plus belles curiosités naturelles.

La France est bien partagée sous ce rapport. Le gouffre et la caverne de Padirac (Lot) attirent chaque année de nombreux touristes. La grotte de Lacave, non loin de celle de Padirac, se fait remarquer par l'éclat de ses stalactites. La caverne de Dargilan (Lozère) se divise en deux branches comprenant chacune de nombreuses salles ornées de magnifiques concrétions et reliées entre elles par des galeries dont le développement dépasse 2 kilomètres. Dans les Pyrénées, on peut signaler les cavernes de Gargas, de Lherm, etc., riches en ossements d'animaux pré-

Fig. 41. — Stalactite et stalagmite de la caverne de Dargilan (Lozère).

historiques.

La grotte de Han (Belgique), celle d'Adelsberg (Autriche), sont depuis longtemps célèbres par la beauté de leurs stalactites et leurs grandes dimensions (5 et 10 kilomètres). La caverne *Mammouth*, dans le Kentucky, aux États-Unis, se compose d'un système de galeries dont la longueur totale dépasse 50 kilomètres. On n'en connaît pas de plus grande.

36. *De la qualité des sources. — Eaux potables. —* On dit qu'une eau est *potable* quand elle est bonne pour l'alimentation. Ce que nous venons de voir suffit à faire comprendre que toutes les sources ne sont pas de même qualité.

L'eau de pluie peut être considérée comme à peu près pure et dépourvue des microbes qui engendrent tant de maladies. Mais, avant de pénétrer dans le sol, cette eau entre en contact avec toutes les impuretés de la surface. Il faut, pour qu'elle soit potable, qu'elle se débarrasse de ces impuretés au cours de son voyage souterrain, avant d'arriver à la source.

Les eaux qui traversent des terrains perméables, formés par des particules très fines et très rapprochées, subissent une véritable filtration naturelle qui, suffisamment prolongée, les dépouille de toutes les impuretés qu'elles pourraient contenir. L'eau des puits artésiens est généralement très bonne parce qu'elle a été bien filtrée au cours de son long voyage.

Mais celle qui a trouvé un passage facile, à travers de larges fissures ou dans des cavernes, n'a pas été filtrée; elle arrive à son point d'émergence, roulant avec elle, non seulement les impuretés du sol extérieur, mais encore les impuretés qu'elle a pu recueillir dans son parcours souterrain. C'est ainsi que, malgré leur belle apparence, les sources vauclusiennes, qui proviennent des cavernes, doivent être tenues comme suspectes.

La géologie peut donc nous éclairer, non seulement sur l'origine des sources, mais encore sur leur nature et leur qualité. Elle trouve, dans les services qu'elle peut ainsi rendre à l'hygiène, une de ses plus belles applications.

Eau de ruissellement.

37. *Origine des cours d'eau.* — Les cours d'eau, ruisseaux, rivières ou fleuves, ont une origine multiple :

1º Nous les avons vus, dans les hautes montagnes, sortir
du front des glaciers ;

2º Nous savons également que les sources marquent le point
de départ de beaucoup de ruisseaux ;

3º Enfin l'eau de pluie, qui ne pénètre pas dans la terre,
ruisselle pour gagner les points bas où coulent les rivières.

Fig. 42. — **Un cours d'eau dans la montagne.**

Fig. 43. — **Un cours d'eau dans la plaine.**

La part qui revient à chacune de ces origines est différente
suivant les pays et suivant la nature des roches.

Nous devons maintenant étudier les phénomènes géologiques présentés par les cours d'eau. Ces phénomènes sont

très différents, suivant qu'on les considère dans la plaine ou dans la montagne. D'une manière générale, les cours d'eau exercent dans la montagne une œuvre de *destruction* et dans la plaine une œuvre d'*édification* (fig. 42 et 43).

58. Ruissellement dans la montagne. — L'eau trouve, dans la montagne, un écoulement facile à cause de la forte pente du sol. Les gouttes de pluie, en se réunissant, forment de petits filets d'eau qui se ramassent dans tous les creux ou dépressions naturelles. Bientôt le nombre et le volume de ces filets augmentent et, de tous côtés, circulent des *eaux sauvages*, qui vont grossir les ruisseaux voisins.

Ces eaux mettent en mouvement les matériaux désagrégés par les actions atmosphériques. Les petits filets liquides n'entraînent que de la terre ou du menu gravier; les gros filets, ayant plus de force, roulent des cailloux ; quand les eaux sauvages ont augmenté de volume et que la pente du sol s'y prête, elles entraînent de gros blocs.

C'est le ruissellement qui donne aux sommets des montagnes ou des collines l'aspect dénudé qu'ils ont souvent. Ici, de gros arbres montrent leurs racines à nu parce que la pluie les a peu à peu déchaussées en enlevant la terre meuble. Là, des chaos de blocs entassés les uns sur les autres représentent les parties qui seules ont pu, grâce à leur volume, résister au ruissellement.

Le même phénomène produit des accidents fort pittoresques, connus en divers pays sous le nom de *pyramides de fées* (fig. 44). Lorsque la pluie tombe sur un terrain en pente composé de sables ou d'argiles faciles à désagréger et renfermant dans leur masse des blocs de pierre, ceux-ci sont d'abord mis à nu. Puis l'eau circule dans les intervalles et continue son œuvre de démolition. Chaque bloc reste en saillie sur le sol environnant et, comme il protège la terre qu'il recouvre, il se trouve bientôt supporté par une sorte de pilier. Arrivé à une certaine hauteur, ce piédestal est à son tour démoli par la pluie, il s'écroule et le même phénomène se **reproduit pour les blocs enfouis plus profondément.**

Il y a, en Amérique, de vastes contrées arides et désertes qu'on appelle les *Mauvaises-Terres*. La pluie les a ravinées

Fig. 44. — Pyramides de fées dans les Hautes-Alpes.
En haut, quatre croquis théoriques montrant la marche progressive du phénomène d'érosion qui a produit les pyramides.

dans tous les sens, sculptées de toutes manières. Elle a produit ainsi des paysages fantastiques (fig. 45).

39. Torrents. — Dans la montagne, des pentes abruptes sont souvent disposées en forme d'entonnoir ou de cirque. Les eaux sauvages, au lieu de se diviser pour ruisseler dans toutes les directions, convergent et se rassemblent dans cette dépression naturelle qui est un *bassin de réception*. Elles s'en échappent par un ravin, ou *canal d'écoulement*, et forment un *torrent* (fig. 46 et 47).

Si la masse liquide est considérable et si le canal d'écoulement a une forte pente, le torrent roule avec une vitesse capable d'exercer des effets prodigieux. L'eau, par sa propre force, laboure le ravin, en défonce les parois et entraîne les matériaux arrachés parmi lesquels se trouvent de gros blocs. Ces derniers jouent alors le rôle de projectiles qui augmentent encore le pouvoir destructif du torrent.

Quand celui-ci arrive au pied de la montagne ou qu'il débouche dans une plaine, sa pente et, par suite, sa force de transport diminuent brusquement. Les matériaux entraînés s'entassent pour former une sorte de remblai, un immense gâteau de forme conique qu'on appelle *cône de déjection*.

Parfois, les matériaux transportés : terre, graviers, blocs, sont si abondants qu'ils forment avec l'eau une véritable boue. Celle-ci s'épanche à la manière d'une coulée volcanique, ce qui l'a fait désigner dans les Alpes sous le nom de *lave*.

Les torrents sont donc des cours d'eau temporaires. Ordinairement à sec, ils peuvent en quelques heures, après de fortes pluies d'orage, rouler, avec une extrême violence, d'énormes masses liquides. C'est ainsi qu'un torrent des Alpes ou des Pyrénées peut débiter par seconde une quantité d'eau deux fois plus considérable que la Seine en temps ordinaire.

40. Effets dévastateurs des torrents. — On conçoit d'après cela, que les torrents puissent produire de véritables catastrophes. Rien ne résiste à leurs eaux furieuses. Les cultures sont dévastées, les arbres déracinés, les maisons démolies; les êtres vivants eux-mêmes sont parfois surpris et emportés par le courant.

Les Alpes, les Pyrénées, les Cévennes offrent de trop

Fig. 15. — Les Mauvaises-Terres du Dakota (Amérique du Nord).

nombreux exemples de torrents dévastateurs. Dans les Hautes-Alpes et les Basses-Alpes, des districts entiers ont dû être à peu près abandonnés à cause des ravages exercés par les torrents. En trente ans, la population de ces deux départements a subi, de ce fait, une diminution de 25 000 habitants.

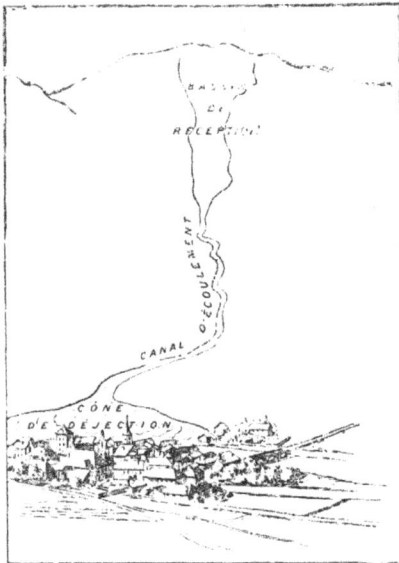

Fig. 46. — Croquis donnant l'explication de la figure 47.

41. Rôle protecteur des végétaux. — Reboisement. — C'est en grande partie à l'imprévoyance de l'homme que sont dus ces ravages.

Autrefois, les montagnes étaient couvertes d'une végétation plus abondante qu'aujourd'hui. L'herbe des pâturages et les feuilles des arbres retenaient l'eau de pluie; le ruissellement se faisant peu à peu, l'eau, en quelque sorte tamisée, s'écoulait lentement, sans produire de grands effets destructeurs. Pour tirer un plus grand profit de la montagne, ses habitants ont coupé les forêts et livré les pâturages à la dent des moutons et des chèvres; ils ont ainsi détruit le tapis végétal qui les protégeait. Une fois commencée, la désagrégation du sol s'est poursuivie rapidement, le régime dévastateur des torrents a pu s'établir sans entraves.

Le remède consiste donc à rendre à la montagne son revêtement protecteur d'autrefois. Il faut gazonner et reboiser les parois des bassins de réception. Il faut aussi briser la pente du canal d'écoulement, en élevant, de distance en distance, des sortes de barrages transversaux qui coupent la vitesse du

Fig. 47. — Aigueblanche et le petit torrent de Sécheron (Savoie).

courant. Enfin il faut fixer les berges au moyen de pieux et
de branchages entrelacés qui préviennent les éboulements,
retiennent la terre et permettent à la végétation d'en prendre
possession (fig. 48). L'organisation de ce service de défense
des montagnes contre les torrents est confiée à l'administration
des Eaux et Forêts.

42. Les rivières ; leur travail d'érosion.— Les rivières
sont des cours d'eau dont le volume peut subir de grandes
variations, mais qui, au contraire des torrents, ne se des-
sèchent jamais complètement. C'est aux sources qui leur
donnent naissance ou qui les alimentent qu'elles doivent leur
débit à peu près continu.

Pour que les sources profondes tarissent, il faut des conditions de sécheresse exceptionnelles. L'intérieur de la terre est,
nous l'avons vu, une sorte de réservoir qui retient longtemps
les eaux d'infiltration et ne les restitue que peu à peu à
l'extérieur. C'est grâce à ce phénomène que, pendant les
périodes de chaleur et de sécheresse, les rivières continuent
à couler.

Si de grandes pluies tombent, les rivières grossissent. Dans
les montagnes, où la pente de leur lit est considérable, elles
peuvent même grossir subitement et produire des effets
analogues à ceu des torrents; ce sont alors des *rivières
torrentielles.*

Quand les rivières sont basses, leur eau, limpide, coule
doucement et ne saurait effectuer un travail mécanique appréciable. Pourtant, même dans cet état de calme ou d'inertie
apparents, les rivières jouent un rôle dans la démolition de
la terre, car elles emportent, à l'état de dissolution, les
substances empruntées aux terrains qu'elles ont traversés, du
calcaire, par exemple.

Mais, quand les rivières grossissent, l'eau coule rapidement; en même temps elle perd sa limpidité; elle devient
trouble parce qu'elle tient en suspension et roule avec elle de
la terre et du sable arrachés sur son parcours. Si le courant
est très fort, sur les points où le lit offre une grande pente,

Fig. 48. — Correction du torrent le Petit-Schlieren, près Alpnach (Saisse).

des pierres, des quartiers de rocs sont entraînés et nous **avons**
l'exacte répétition des phénomènes torrentiels.

A chacune de ses crues, la rivière emporte ainsi des quantités plus ou moins considérables de matériaux qu'elle a pré-
levés à la montagne. Suivant une expression aussi juste que
pittoresque, on peut dire, en voyant couler une telle rivière,
que c'est le « convoi de la terre ferme qui passe ».

Les roches les plus dures sont rongées par les courants. Il

Fig. 49. — Une marmite avec ses meules dans le granite du lit
d'un torrent du Cantal.

suffit, pour s'en rendre compte, de considérer les blocs et les
cailloux qui encombrent le lit des rivières. Tous ont perdu
leurs angles vifs et sont plus ou moins arrondis. Ces cailloux
roulés sont produits par l'usure résultant des frottements ré-
ciproques au cours de leur transport au sein du liquide
(fig. 43, p. 51). Ils constituent eux-mêmes des outils dégra-
dateurs pour le fond rocheux du lit. Dans les remous, ces
pierres rondes tournent sur elles-mêmes ; avec le sable en-

Fig. 51. — Les gorges du Tarn,
vues d'en haut.

Fig. 50. — Le Tarn au fond de sa gorge.

traîné par le tourbillon, elles usent la roche, y creusent peu
à peu des cavités régulières qu'on appelle des *marmites*.
Lorsque les eaux baissent, ces marmites sont mises à décou-
vert ; alors on peut observer, au fond de chacune d'elles, les
cailloux ou *meules* qui ont servi à les creuser (fig. 49).

Évidemment les roches se laissent entamer et détruire avec
plus ou moins de difficultés, suivant qu'elles sont plus ou moins
dures. Dans le lit d'un cours d'eau, les parties planes,
ou à faible pente, correspondent à des roches tendres ou
faciles à désagréger ; les *cascades*, les *rapides* correspondent
à des roches dures, que le cours d'eau n'a pas eu le temps
d'user complètement et qu'il est obligé de franchir par une
série de ressauts brusques.

43. Creusement des vallées. — L'action *érosive* des

cours d'eau, s'exerçant perpétuellement, finit par produire des
effets prodigieux. La rivière s'enfonce graduellement dans le
sol ; son lit s'encaisse chaque jour davantage tandis que ses
berges s'élèvent d'autant. C'est ainsi que se sont creusés peu à
peu ces ravins profonds, ces gorges pittoresques qu'admirent
les touristes et au fond desquels les cours d'eau continuent
lentement leur œuvre destructive. Dans notre pays, les gorges
du Tarn (fig. 50 et 51), celles de l'Ardèche, du Fier (Haute-
Savoie), du Verdon (Basses-Alpes), sont des merveilles naturelles. Les gorges ou *cañons* du Colorado, en Amérique, ont
des parois presque verticales de 1000 mètres de hauteur.

De même, quand on étudie les versants opposés d'une large
vallée, celle de la Seine par exemple, il est facile de voir que
ces versants sont constitués de la même manière et qu'à
chaque couche d'un côté correspond exactement la même
couche de l'autre côté (fig. 52). Il est évident que ces diverses
couches, autrefois continues, ont été peu à peu tranchées par
le cours d'eau, dont le travail peut être comparé à celui d'une
scie.

Vallons, vallées, ravins, *cañons*, toutes les dépressions du
sol où coulent des cours d'eau ont même origine. C'est l'eau
qui les a creusés, de même que c'est l'eau qui a façonné **la**

plupart des accidents du sol, qui a créé tous les détails de cette sculpture de la surface terrestre qui donnent au paysage tant de variété et tant de charme.

44. *Les cours d'eau dans la plaine.* — *Alluvions.* — Quand les cours d'eau quittent la montagne, leur vallée s'élargit, leur pente et, par suite, leur force de transport diminuent. Bientôt ils coulent avec lenteur dans une véritable plaine (fig. 43, p. 51) en décrivant parfois de nombreux méandres.

Ils abandonnent alors les matériaux arrachés à la montagne. Ce sont d'abord les cailloux qu'ils sont incapables d'entraîner

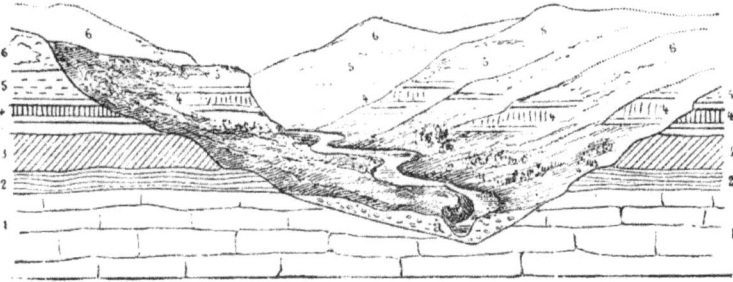

Fig. 52. — Vue et coupe théoriques d'une vallée montrant les diverses couches 1 à 6 se correspondant, à droite et à gauche, sur les deux flancs de la vallée.

plus loin, puis, successivement, les graviers, les sables fins, les limons. Ces dépôts des cours d'eau se nomment *alluvions*.

Si l'on examine un fleuve dans son cours moyen, c'est-à-dire à distance à peu près égale de sa source et de son embouchure, par exemple la Seine à Paris, la Loire à Orléans, la Garonne à Toulouse, en voit qu'en temps ordinaire le fleuve n'occupe pas toute la largeur de son lit; il y a, à droite et à gauche du ruban liquide, un espace plus ou moins considérable couvert de limons, de sables ou de cailloux roulés laissés par le fleuve à chaque crue, à chaque inondation.

Certains fleuves sont soumis à des inondations périodiques. Le Nil, par exemple, déborde chaque année et couvre l'Égypte d'un mince manteau de limon qui donne au pays sa fertilité.

Dès l'antiquité, Hérodote avait dit : « l'Égypte est un présent du Nil ».

Si l'on s'écarte davantage, qu'on pénètre dans les champs qui bordent l'espace dont nous venons de parler, et qu'on examine la nature du sol, on verra qu'il est également formé de sables et de cailloux roulés, évidemment déposés par le fleuve mais sur lesquels la végétation a pu s'établir parce que les inondations n'atteignent plus à cette hauteur ou n'y atteignent que dans des circonstances exceptionnelles, à des intervalles de temps très éloignés (fig. 53, A, B).

Plus loin encore, on trouve souvent, à des niveaux plus élevés, des plaines ou *terrasses* T, T' constituées de la même

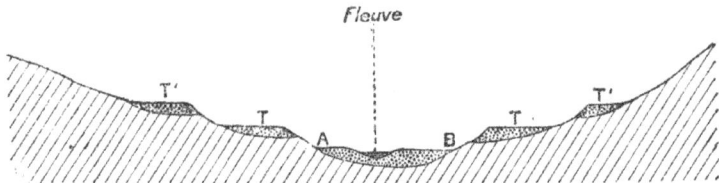

Fig. 53. — Disposition des alluvions anciennes dans le fond et sur les flancs d'une vallée.

manière et correspondant à des époques où les eaux du fleuve coulaient à ces altitudes, avant que la vallée ne fût creusée à sa profondeur actuelle.

On observe souvent de semblables dépôts à des hauteurs considérables au-dessus des cours d'eau actuels, au sommet des plateaux, sur des points dominant aujourd'hui tout le pays environnant. Ce sont de précieux témoignages des changements survenus dans la topographie depuis la formation de ces dépôts ; ils datent d'une époque où ce qui est aujourd'hui montagne, c'est-à-dire partie la plus élevée, était fond de vallée, c'est-à-dire partie la plus basse.

Soit, par exemple, un plateau P, recouvert de cailloux roulés (fig. 54). Le croquis figure 55 donne l'explication du phénomène. Les alluvions se sont nécessairement déposées dans un cours d'eau, au fond d'une vallée plus ou moins profonde (fig. 55). Comme les flancs de cette vallée étaient formés de roches plus tendres que le fond, ils ont été attaqués plus facilement ou plus rapidement par les agents atmosphériques.

Peu à peu les hauteurs encaissantes ont diminué ; puis elles se sont creusées à leur tour et, quand toute la partie indiquée sur le croquis par des hachures claires a été enlevée, on a eu la disposition actuelle que montre la figure 54.

Fig. 54. — Plateau recouvert d'une nappe d'alluvions anciennes.

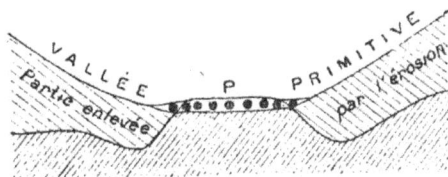

Fig. 55. — Croquis explicatif de la figure 54.

Il est clair que de tels changements exigent, pour s'accomplir, un laps de temps énorme. Ils permettent de se faire une idée de la durée immense des temps géologiques.

Ainsi, le travail des cours d'eau dans la plaine est surtout un travail d'alluvionnement et d'édification. Pourtant, même ici, les cours d'eau rongent continuellement leurs berges. Dans les grandes crues, leur lit se déplace souvent et les dépôts précédents sont remis en mouvement. De plus, le courant reste toujours capable d'entraîner de fines particules limoneuses jusqu'à la mer.

45. Deltas et estuaires. — Quand un fleuve arrive à la mer, la vitesse de son cours et, par suite, sa force de transport, déjà bien réduites, comme nous venons de le voir, diminuent encore plus, ce qui permet aux sables et aux limons tenus en suspension de gagner le fond.

Si celui-ci n'est pas trop profond et que la mer ne soit pas trop agitée, il s'exhausse peu à peu sur les points où tombent ces matériaux, au milieu même de l'embouchure du fleuve (fig. 56, I). Ce premier dépôt oblige le courant à se bifurquer en deux branches qui, formant de nouveaux dépôts, pourront se subdiviser à leur tour (fig. 56, II, III). Au bout d'un certain

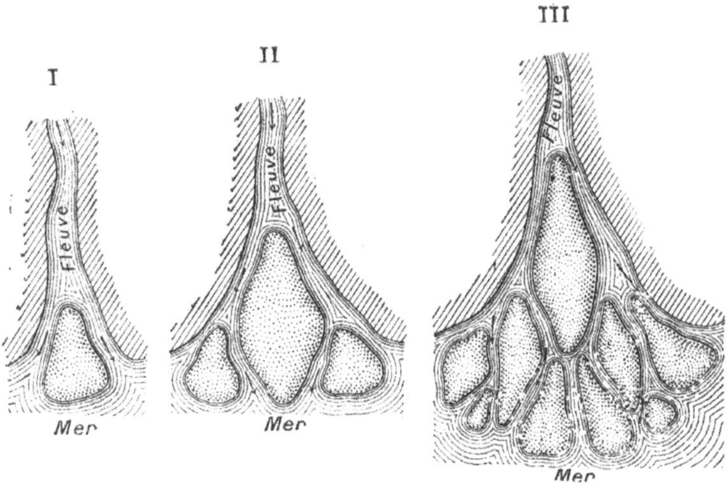

Fig. 56. — Etapes successives de la formation d'un delta (figure théorique).

temps, quelques parties de ces sortes de remblais viennent affleurer à la surface et former des terres nouvelles qui se trans-

Fig. 57. — Delta du Nil.

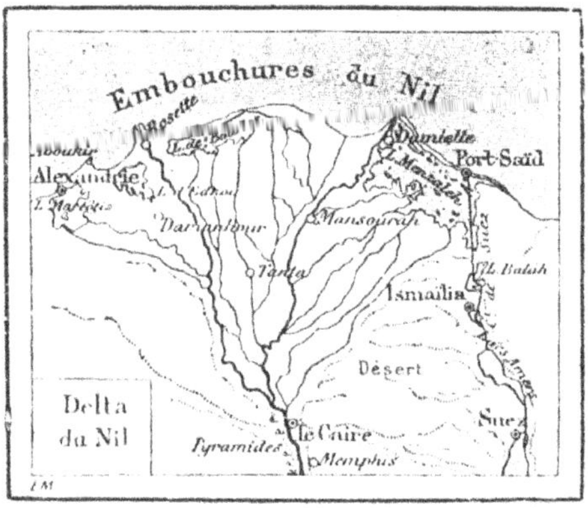

forment peu à peu en marécages où serpontent des branches du fleuve. Souvent inondées par les crues, ces terres finissent par émerger complètement et la végétation s'en empare. Il se forme ainsi, à l'embouchure de certains fleuves, des territoires plats qui s'appellent des *deltas*, parce qu'ils ont la forme triangulaire de la lettre grecque de ce nom (**Δ**). La pointe du triangle est tournée vers la terre, la base est tournée vers la mer.

Les principaux deltas sont : celui du Nil, bien connu de toute antiquité et dont le dessin est des plus réguliers (fig. 57); celui du Rhône, dont les branches limitent la Camargue, toute parsemée d'étangs (fig. 58); celui du Pô, qui, chaque année, s'avance de 70 mètres et conquiert 113 hectares (fig. 59); celui du Mississipi, qui n'a pas moins de 300 kilomètres de longueur

Fig. 58. — Delta du Rhône.

et qui se termine en pleine mer par une sorte de bras divisé, comme une patte d'oie, en trois branches principales toutes peuplées de Crocodiles (fig. 60).

Si, au contraire, la mer est agitée par des marées et que sa profondeur soit considérable, les matériaux apportés par le fleuve sont constamment brassés et dispersés par les courants. Alors l'embouchure du fleuve, ordinairement très

Fig. 59. — Delta du Pô.

large, forme un *estuaire*. Les embouchures de la Seine, de la Gironde sont des estuaires.

Souvent l'entrée des estuaires est en partie obstruee par des hauts fonds de sable et de limons disposés transversalement et qui rendent la navigation difficile. Ce sont les *barres*.

Enfin, toutes les substances enlevées par les cours d'eau à

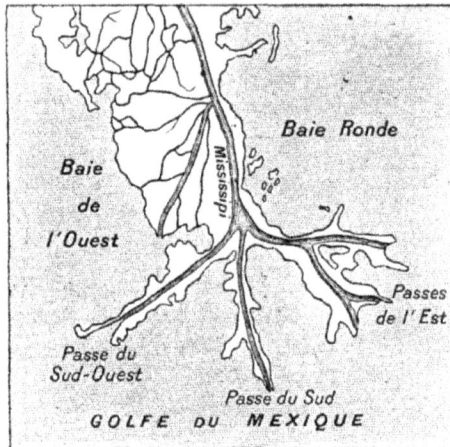

Fig. 60. — Delta du Mississipi.

la terre ferme ne sont pas employées à l'édification des deltas et des barres. Les particules les plus fines et aussi les matières en dissolution sont entraînées plus loin dans la mer. Nous allons voir ce qu'elles deviennent.

CHAPITRE IV

LA MER ET LES SÉDIMENTS

Comme l'atmosphère, comme les cours d'eau, la mer a une double fonction géologique : d'un côté, elle accomplit une œuvre de *destruction*; d'un autre côté, elle accomplit une

Fig. 61. — Une vague à Saint-Jean-de-Luz (Basses-Pyrénées).

œuvre *d'édification*. D'une part, elle *diminue* les continents; d'autre part, elle les *augmente*.

46. Mouvements de la mer. — La mer est soumise à divers mouvements.

Sa surface est toujours plus ou moins agitée par le vent; tantôt ce ne sont que de légères ondulations, de simples rides; d'autres fois, ce sont des ondulations plus importantes ou *vagues* qui, par les tempêtes, peuvent atteindre des dimensions considérables, plus de 15 mètres de hauteur (fig. 61).

Dans les océans, le niveau de l'eau n'est pas fixe; il monte et descend chaque jour avec régularité; c'est le phénomène des *marées* dû à l'influence de la Lune. Au moment du *flux* ou du *flot*, la mer s'avance ou monte pendant 6 heures sur le rivage, elle devient *haute*; au moment du *reflux* ou *jusant*, la mer se retire, elle devient *basse*; puis le flux recommence et ainsi de suite.

Enfin la mer est parcourue par des courants de direction constante, les uns allant des régions froides vers les régions chaudes, les autres circulant en sens inverse. Parmi ces derniers, il faut signaler le courant du Golfe du Mexique, ou *Gulf-Stream*, véritable fleuve d'eau chaude qui vient frôler nos côtes et attiédir notre climat.

47. *Action destructive de la mer.* — La mer, toujours en mouvement, est aussi toujours en travail.

Elle exerce sur ses rivages des effets destructeurs considérables. Tout le monde connaît les désastres occasionnés par les tempêtes; non seulement les travaux humains, digues, jetées, sont emportés, les vaisseaux désemparés et poussés à la côte, mais encore la côte elle-même est démolie par les vagues.

Celles-ci se ruent à l'assaut des murailles rocheuses, ou falaises. Projetées avec une force prodigieuse et un bruit de tonnerre, elles se succèdent sans relâche pour frapper les assises, les ébranler, pénétrer dans leurs joints, les disloquer et abattre des quartiers de roches qui, battus à leur tour par des vagues nouvelles, sont débités en morceaux plus petits. Les blocs ainsi produits sont repris par les flots et lancés contre la falaise, comme autant de projectiles qui continuent l'œuvre de démolition. En même temps, les plus durs de ces cailloux, roulés par les vagues, frottés les uns contre les autres, usent leurs angles, s'arrondissent et se transforment en *galets*; d'autres se réduisent en fragments plus petits et se transforment en sable plus ou moins grossier.

Fig. 62. — L'*Aiguille* et la *Porte* des falaises d'Étretat (Seine-Inférieure).

Ce que font les grandes vagues, en temps de tempête, est exceptionnel; mais en temps normal, tous les jours, par le simple jeu des marées et des vagues ordinaires, la mer travaille lentement, sûrement et sans relâche, à son œuvre de destruction. Naturellement cette destruction s'opère d'autant plus vite que les roches offrent moins de résistance. Le long d'une côte, les caps correspondent ordinairement à des roches dures et les golfes à des roches tendres.

Ce travail de démolition donne parfois aux falaises l'aspect pittoresque de véritables ruines. Ici, ce sont des piliers de roches qui, ayant résisté plus que leurs voisines, s'élèvent comme des témoins d'un ancien état de choses (fig. 62); là, c'est une roche percée à jour; plus loin, c'est une caverne où les eaux s'engouffrent pour aller miner les parties profondes.

Cette démolition de la terre ferme par la mer peut s'effectuer assez rapidement. On a vu, près du Havre, des falaises s'écrouler d'un seul coup sur 400 mètres de longueur et 15 mètres de hauteur. En certains points, le sol français a perdu 1400 mètres depuis le ive siècle. On estime que, sur quelques endroits des côtes de l'Est de l'Angleterre, la mer s'avance à raison de 1 mètre par an.

48. *Action édificatrice de la mer*. — Si, sur certains points, la mer ronge et diminue les continents, elle les agrandit sur d'autres points où elle porte les débris qu'elle a pris aux premiers.

De plus, nous savons que les fleuves déversent dans la mer une quantité énorme de matériaux empruntés aux continents. Ces substances ne peuvent rester indéfiniment en suspension dans l'eau; elles finissent par descendre au fond de la mer où elles s'accumulent sur des épaisseurs considérables. De sorte que l'action édificatrice de la mer est beaucoup plus considérable que son action destructive, quelque importante que celle-ci nous apparaisse.

49. *Formations littorales*. — Les dépôts qui se forment dans la mer varient suivant la profondeur. L'action des vagues est, en effet, toute superficielle et ne peut jouer un rôle dans la formation des dépôts que le long du rivage. Là, les flots et les courants ont assez de force pour agiter perpétuellement

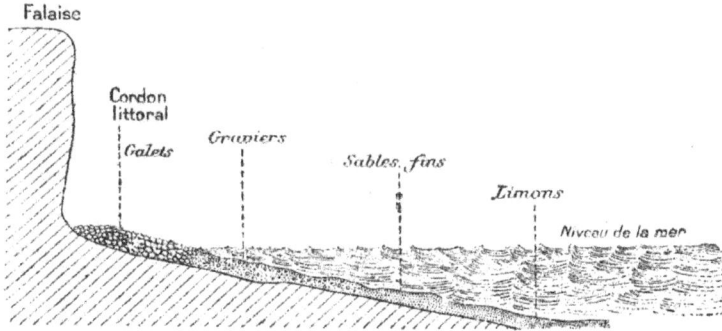

Fig. 63. — Croquis montrant les dépôts marins qui s'effectuent à des distances diverses du rivage.

les galets, les user les uns contre les autres et, sur les plages basses, les disposer en traînées parallèles à la côte. Ce sont les *cordons littoraux* (fig. 63).

Un peu plus loin dans la mer, c'est-à-dire à une profondeur un peu plus considérable, les vagues, qui n'ont plus la force de s'attaquer aux galets, exercent leur action sur des éléments moins volumineux. Chaque flot déplace une certaine quantité de sable

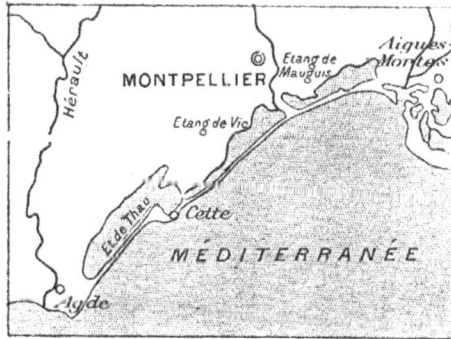

Fig. 64. — Les étangs des environs de Cette et de Montpellier sont des lagunes.

qu'il pousse en avant vers les terres, et qu'il n'a plus la force de ramener avec lui quand il se retire.

Par suite de circonstances favorables, il se forme parfois une *barre*, sorte de barrière sableuse, qui sépare la haute mer d'une *lagune* où l'eau est peu profonde (fig. 64). Si cette

barre finit par émerger, la lagune n'a plus de communication
avec la mer; ses eaux s'évaporent, la végétation s'empare du
sol desséché. Ainsi peuvent se former des dépôts qui, empié-
tant peu à peu sur le domaine maritime, augmentent au contraire l'étendue des continents.

Au fur et à mesure qu'on s'éloigne du rivage pour aller
vers la haute mer, les sables deviennent de plus en plus fins.
Bientôt, l'eau ne peut tenir en suspension que les plus ténus
des matériaux provenant de la démolition des côtes ou de
l'apport des fleuves. Ces fines particules elles-mêmes ne tar-
deront pas à se déposer pour former des *boues* ou des *vases
argileuses.*

Cet ensemble de dépôts marins : galets et cordons littoraux,
graviers et sables, boues ou vases argileuses, proviennent uni-
quement de la démolition des continents. Ils forment, autour
de ces derniers, une bordure *littorale* dont la largeur ne
dépasse guère 500 kilomètres. On peut voir, sur la carte ci-
jointe (fig. 65), que la superficie occupée par les dépôts dits
littoraux est en somme peu considérable, par rapport à la superficie totale des océans.

50. **Dépôts profonds.** — Que se passe-t-il dans les régions
encore plus éloignées du rivage, c'est-à-dire encore plus profondes? Naguère on l'ignorait complètement. Mais les explora-
tions sous marines de ces dernières années nous l'ont appris.
Avec des appareils de sondage, on a pu mesurer la profondeur
de la mer et, avec des dragues, on a pu recueillir jusqu'à
8000 mètres des échantillons des roches qui composent le
fond de la mer.

L'étude de ces échantillons montre que, loin des côtes, là où
l'action des vagues et des courants ne se fait plus sentir, les
produits de la démolition des continents ne se rencontrent
plus. Les dépôts qui s'y forment ont une tout autre origine.
Ce sont d'abord des accumulations de coquilles ou de débris
de coquilles de petits animaux; nous les étudierons plus tard.
Ce sont, en outre, des dépôts d'origine chimique, des précipités de substances tenues en dissolution dans l'eau de la mer.

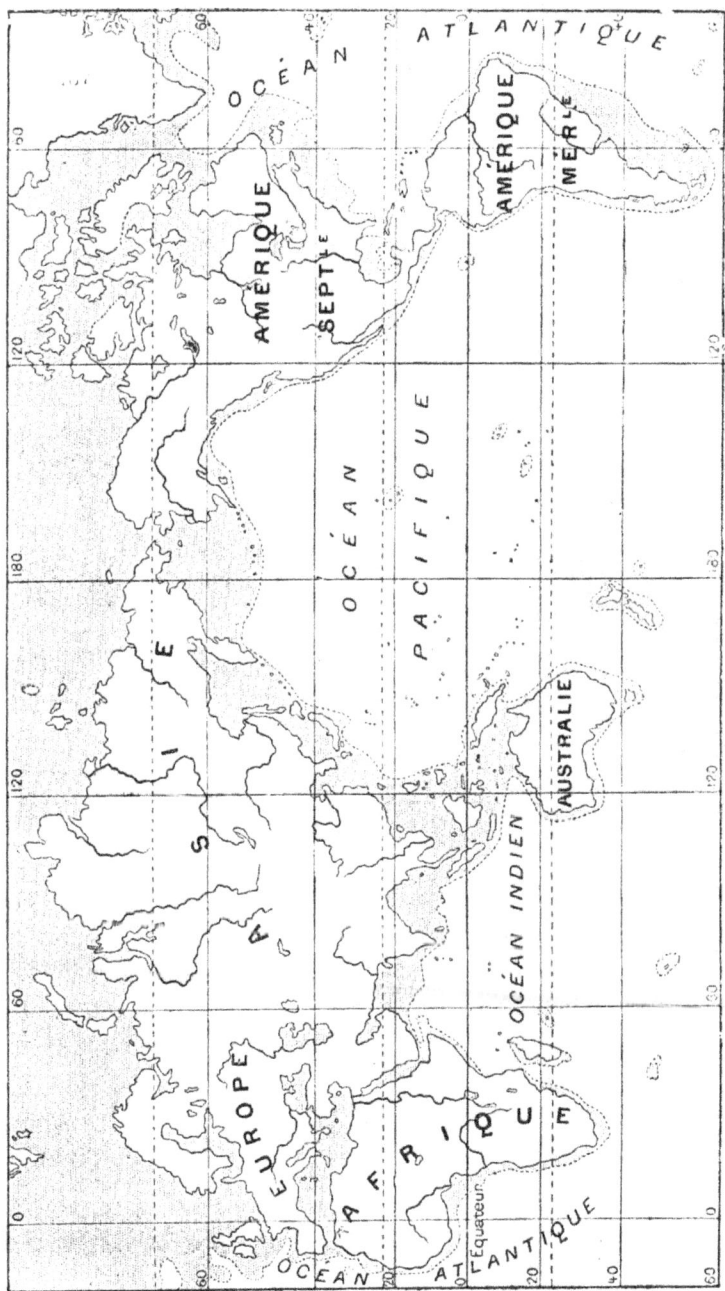

Fig. 63. — Carte des dépôts marins d'origine terrestre ou continentale. — L'espace occupé par ces dépôts
est représenté par un pointillé uniforme.

Enfin, les plus grands fonds ne sont tapissés que par une sorte d'argile rouge composée de particules d'origine volcanique, de cendres très fines transportées par les vents et qui ont pu flotter sur de grandes étendues avant de descendre dans ces abîmes.

51. — *Sédiments.* — Tous les dépôts formés au sein des eaux, soit dans la mer, soit dans les lacs, soit dans les rivières, sont appelés *sédiments* (du latin *sedimen*, dépôt), parce qu'ils rappellent, par leurs dispositions, les précipités qui se forment dans un liquide, au fond d'un vase (fig. 66).

Ces dépôts, variant de caractères suivant la violence de la cause qui les a formés, se disposent en couches ou *strates* (du latin *stratum*). A la longue, l'épaisseur de ces couches devient très considérable.

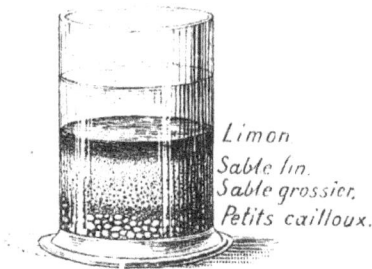

Limon
Sable fin.
Sable grossier.
Petits cailloux.

Fig. 66. — Vase dans lequel on a introduit, avec de l'eau, un mélange de terre et de petits cailloux. Au bout d'un certain temps, les divers éléments se sont disposés en couches superposées.

Comme, au fur et à mesure qu'elles s'entassent, elles sont comprimées par le poids des couches supérieures, elles prennent une compacité et une solidité telles qu'elles finissent par former de véritables roches, de tous points identiques à celles dont se composent les continents et dont l'origine s'explique ainsi facilement par l'étude des phénomènes qui agissent actuellement sous nos yeux.

On donne à cette catégorie de roches formées au sein des eaux le nom de *roches sédimentaires* ou *stratifiées* (fig. 67). Elles forment, par leur continuité, des terrains qu'on distingue également sous le nom de *terrains sédimentaires* ou de *terrains stratifiés*.

52. *Principales roches sédimentaires.* — *Poudingues, grès.* — On observe souvent, au milieu de la terre

ferme, loin de toute masse d'eau, des couches de cailloux
arrondis, serrés les uns contre les autres, tout à fait semblables aux cailloux roulés des rivières actuelles ou à ceux que

Fig. 67. — Exemple de roches stratifiées. Carrière de calcaire grossier
des environs de Paris.

nous avons vus, au bord de la mer, se disposer en cordons
littoraux. Évidemment, ces cailloux indiquent l'action d'un
ancien cours d'eau ou la présence, en ce point, d'un ancien
rivage. Comme ils sont très vieux, ils sont souvent en partie
décomposés et soudés les uns aux autres par un ciment. On
les appelle des *conglomérats* ou des *poudingues* (fig. 68).

Ailleurs, nous observerons des graviers ou des sables plus ou moins identiques à ceux que nous avons vus se déposer actuellement dans les cours d'eau moins violents que les premiers ou dans la mer, au large des cordons littoraux. A cause de leur antiquité, ces sables ont souvent subi des changements.

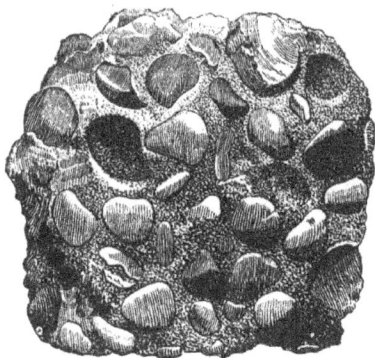

Fig. 68. — Échantillon de poudingue.

Ils ont eu à supporter d'énormes pressions qui ont resserré leurs grains ; ils ont été traversés par des eaux d'infiltration, qui ont déposé dans leurs interstices des substances jouant le rôle de ciment. Le sable a été ainsi transformé en une roche solide, dans laquelle on peut encore distinguer chaque grain et qu'on appelle un *grès*.

Il y a des grès très durs qui sont utilisés pour le pavage des rues, pour la fabrication des meules, etc. D'autres ont un ciment plus tendre et se laissent tailler assez facilement. Ils fournissent des pierres pour les constructions.

55. *Argiles.* Nous avons vu que dans les cours d'eau à faible allure ainsi que dans la mer, à une certaine distance des rivages, ce sont des vases qui se déposent. La plupart des *argiles*, qu'on voit former des terrains très étendus, n'ont pas, d'autre origine.

Ces argiles jouent un rôle important dans la constitution de la terre. Elles forment les roches imperméables. Il faut savoir les reconnaître.

Ce sont des roches de couleurs très variables, claires ou foncées, blanches, noires, bleues, vertes, rouges, etc. Toujours très tendres, se laissant rayer par l'ongle, elles sont formées de particules tellement ténues qu'on ne peut les distinguer qu'avec des instruments grossissants.

Les argiles sont douces au toucher, savonneuses ; elles se délaient dans l'eau avec facilité. La *terre glaise*, qui sert aux sculpteurs à modeler leurs statues, est le type de l'argile. On l'appelle *argile plastique* (du grec *plassein*, modeler).

Lorsque les argiles sont mouillées, elles ont une odeur caractéristique. Elles happent à la langue, ce qui veut dire qu'un morceau d'argile appliqué au bout de la langue y adhère assez fortement. Les acides (vinaigre, vitriol, eau-forte) n'ont aucune action sur les argiles, ce qui permet de les distinguer, nous allons le voir, d'une autre catégorie de roches sédimentaires qu'on appelle des calcaires.

Si on les soumet à l'action du feu, elles perdent l'eau dont elles sont imprégnées, elles durcissent et se transforment en *brique*. C'est ainsi que les argiles servent à fabriquer les tuiles et les poteries. Comme elles ont la propriété d'absorber les matières grasses, on les emploie pour dégraisser les laines (terre à foulon).

Parfois les argiles se présentent sous forme de roches se divisant facilement en feuillets et qu'on appelle des *schistes* (du grec *schizô*, je fends); elles doivent cette structure aux fortes pressions qu'elles ont eu à supporter. Les ardoises, dont on recouvre les maisons, sont des schistes.

54. Calcaires. — Les roches calcaires, non moins répandues que les argiles, ont été formées dans les mers anciennes comme les vases calcaires se forment dans les mers d'aujourd'hui. Elles se présentent sous les aspects les plus variés ; tantôt elles sont dures et compactes comme le *marbre*, tantôt tendres et friables comme la *craie*.

Elles ne se délaient pas dans l'eau comme les argiles ; elles n'ont pas d'odeur.

Leur caractère le plus général et le plus net c'est d'être attaquées par les acides. Si on laisse tomber une goutte de vinaigre (acide acétique), d'eau-forte (acide nitrique), de vitriol (acide sulfurique), sur un morceau de calcaire, il se produit un bouillonnement ou *effervescence* dont voici l'explication.

Les calcaires sont formés par l'union de deux corps très

différents : d'un corps solide, la chaux, et d'un gaz que nous connaissons déjà pour avoir constaté sa présence dans l'atmosphère, l'*acide carbonique*. Sous l'influence du vinaigre, de l'eau-forte ou du vitriol, l'acide carbonique est mis en liberté, il s'échappe en formant de petites bulles qui produisent le bouillonnement ou effervescence.

Quand on chauffe les pierres calcaires, elles se fendillent et se brisent ; l'acide carbonique se dégage, se répand dans l'air ; il ne reste plus que de la chaux.

Il y a beaucoup de variétés de roches calcaires qui peuvent aussi présenter toutes sortes de colorations. Les unes sont dures, compactes, susceptibles de prendre un beau poli, comme les *marbres* ou les *pierres lithographiques* ; d'autres ont une texture plus grossière et servent pour les constructions. Tel le *calcaire grossier* avec lequel les maisons de Paris sont bâties (fig. 67, p. 77).

La *craie* n'est autre chose qu'un calcaire tendre et friable.

Certains calcaires sont formés de petits grains arrondis, serrés les uns contre les autres comme des œufs de poissons ; on les appelle des *calcaires oolithiques* (de deux mots grecs : *ôon*, œuf, et *lithos*, pierre).

Fig. 69. — Four à chaux.

Les roches calcaires jouent un grand rôle dans la nature ; elles forment des terrains d'une étendue et d'une épaisseur considérables. Comme elles se laissent dissoudre par l'eau atmosphérique, c'est dans leur intérieur que les eaux souterraines creusent les belles cavernes dont nous avons parlé.

Les usages des calcaires sont nombreux ; la *chaux* qu'on en retire est une substance des plus importantes.

Pour fabriquer de la chaux, il suffit de faire cuire des pierres calcaires dans un *four à chaux*, construction en briques ayant la forme d'une large cheminée ouverte en haut et sur le côté (fig. 69). Au moyen de gros blocs de calcaire on construit une sorte de voûte pour supporter la masse de pierres plus petites avec lesquelles on remplit le four. Puis on allume du feu sous la voûte. Le calcaire se décompose sous l'action de la chaleur. L'acide carbonique se dégage par l'ouverture supérieure, et, au·bout d'un certain temps, tout le calcaire est transformé en chaux.

Cette chaux est dite *vive* parce qu'elle est très avide d'eau et qu'elle dégage au contact de ce liquide une vive chaleur. Avant d'utiliser la chaux pour en faire du mortier, il faut l'arroser avec de l'eau et la transformer en *chaux éteinte*.

La chaux ne sert pas seulement pour les constructions ; elle favorise puissamment la croissance et le développement de beaucoup de plantes. Aussi est-elle employée pour fertiliser les terres sableuses ou argileuses qui sont dépourvues de calcaire et sur lesquelles on la répand. C'est ce qu'on appelle le *chaulage des terres*.

55. *Marnes*. — Les *marnes* sont des roches formées d'un mélange, en proportions fort variables, d'argile et de calcaire. Aussi leurs propriétés participent-elles de celles des calcaires et des argiles. Comme les premières elles font effervescence avec les acides, comme les secondes elles font pâte avec l'eau.

Elles sont aussi employées pour l'amendement des terres.

Avec les marnes on obtient, par la cuisson, une *chaux* dite *hydraulique*, qui durcit rapidement sous l'eau et qu'on emploie pour la construction des piles des ponts, les fondations des édifices, etc.

56. *Roches siliceuses*. — Les roches siliceuses sont formées par une substance remarquable par sa dureté, qu'on appelle *silice*.

Le *quartz* ou *cristal de roche* est de la silice pure ; on le reconnaît à sa transparence, à la facilité avec laquelle il peut rayer le verre et parce qu'il est inattaquable aux acides. Les sables et les grès sont le plus souvent formés par des grains de quartz.

Le *silex*, très répandu dans certains terrains, dans la craie, par exemple, est de la silice moins pure ; aussi le silex est-il

Fig. 70. — Les marais salants de Bourg-de-Batz (Loire-Inférieure).

moins transparent que le quartz. Il est également très dur, le choc d'un morceau de fer produit des étincelles ; autrefois on utilisait cette propriété pour fabriquer des briquets et pour enflammer la poudre des fusils ; de là le nom de *pierre à fusil* qu'on lui donne souvent.

La *pierre meulière* tire son nom de ce qu'elle est exploitée pour fabriquer des meules de moulins. C'est aussi une roche siliceuse très dure, caverneuse. On l'utilise encore pour les constructions qui doivent offrir une résistance particulière à l'humidité. Très répandue aux environs de Paris, elle forme la plus grande partie du sol de la Beauce et de la Brie.

57. Gypse. Sel. — Quand l'eau de mer s'évapore, elle laisse un résidu formé par les matières qu'elle tenait en dissolution. C'est ainsi qu'on retire le sel des eaux marines en les faisant évaporer dans de vastes réservoirs artificiels et très peu profonds, les *marais salants* (fig. 70).

Si, pour une cause ou pour une autre, des lagunes (voy. p. 75) se trouvent privées de toute communication avec la mer, l'eau de ces lagunes, n'étant plus renouvelée, s'évaporera peu à peu et le fond de la lagune, véritable marais salant naturel, sera tapissé des substances diverses qui étaient

Fig. 71. — Cristal de gypse en forme de fer de lance.

dans l'eau de mer. Les principales, parmi ces substances, sont le gypse, ou pierre à plâtre, et le sel. Comme on les trouve en masses puissantes dans certains terrains, elles témoignent de l'ancienne existence de lagunes sur ces points.

Le *gypse*, ou pierre à plâtre, est du sulfate de chaux, c'est-à-dire un composé d'acide sulfurique (ou vitriol) et de

Fig. 72. — Four à plâtre.

chaux. Ordinairement de couleur claire, comme beaucoup de calcaires, le gypse se distingue de cette dernière catégorie de roches parce qu'il est beaucoup plus tendre (on peut le rayer avec l'ongle) et parce qu'il ne fait pas effervescence avec les acides.

Ordinairement il apparaît comme formé par l'assemblage

d'une foule de petits cristaux qui miroitent au soleil ; c'est la variété *albâtre*. Parfois ces cristaux sont très grands et ont la forme d'un fer de lance (fig. 71).

Le gypse renferme de l'eau. Si on le chauffe dans un four à plâtre (fig. 72), l'eau se dégage et le gypse se transforme en une poudre blanche qui est du plâtre.

Quand on veut se servir du plâtre, il faut lui rendre l'eau qu'on lui a enlevée, il faut le gâcher. On fait ainsi une pâte qui reste molle pendant un certain temps, peut se mouler sur tous les objets et ne tarde pas à durcir.

Le sel qu'on trouve dans la terre, ou *sel gemme*, n'est pas autre chose que du sel marin (chlorure de sodium), qui s'est formé dans les périodes géologiques par l'évaporation d'eau de mer au fond de grandes lagunes. Il a tous les caractères et toutes les propriétés du sel marin : la transparence, la saveur salée; il forme souvent des cristaux cubiques d'une grande régularité.

58. **Fossiles**. — Quand, à la suite d'une forte crue, un cours d'eau sort de son lit pour inonder les terres voisines, il entraîne des plantes, des coquilles, des insectes, des cadavres d'animaux. Tous ces objets, après avoir flotté un certain temps, finissent, quand les courants s'apaisent, par gagner le fond et s'y déposer avec les graviers, les argiles, etc.

De même, les animaux marins, dont le corps est protégé par une enveloppe solide, les Mollusques, les Crustacés, etc., ou ceux qui possèdent un squelette, comme les Poissons, échouent tôt ou tard, après leur mort, sur des fonds où les progrès de la sédimentation ne tardent pas à les ensevelir sous de nouveaux apports.

Ces ossements, ces coquilles, ces plantes, pourront ainsi échapper à la destruction et se conserver indéfiniment au sein des roches contemporaines de leur dépôt; ils deviendront des *fossiles* (du latin *fossilis*, qu'on tire de la terre) (fig. 73).

L'étude des fossiles est des plus instructives ; elle forme une branche spéciale de la science qu'on appelle la *Paléon-tologie* (de plusieurs mots grecs qui veulent dire : *Discours*

sur les êtres anciens). Elle nous fait connaître les animaux et
les plantes qui se sont succédé à la surface de notre planète
aux diverses époques de son histoire. Elle nous permet de distinguer, dans une même catégorie de roches, les argiles par

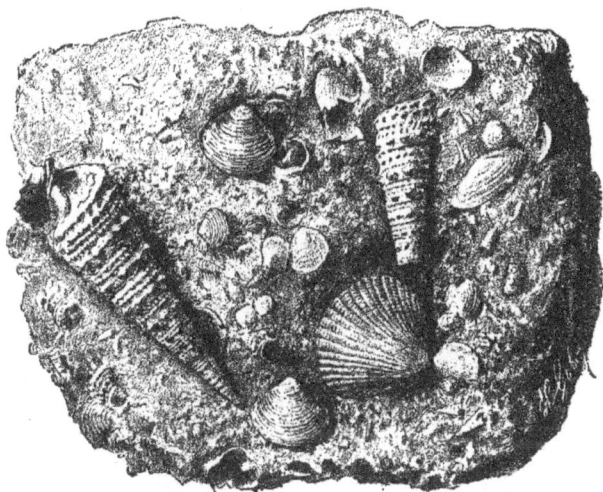

Fig. 73. — Morceau de grès des environs de Paris renfermant des fossiles.

exemple, celles qui ont été formées dans des eaux douces de
celles qui se sont formées dans la mer, car les coquilles des
lacs ou des fleuves sont différentes des coquilles marines. Enfin
elle nous fournit les moyens, comme nous le verrons plus tard,
de classer les terrains et de fixer leur âge relatif.

CHAPITRE V

ACTION DES ÊTRES VIVANTS

Les êtres vivants, plantes ou animaux, produisent aussi des changements à la surface de la terre. D'un côté, ils empruntent au sol les substances nécessaires à leur vie et à l'accroissement de leur corps. D'un autre côté, une fois morts, ils peuvent, par l'accumulation de leurs dépouilles, former de véritables terrains.

59. Action des végétaux. — Tourbières. — Origine des combustibles minéraux. — L'action géologique des plantes est multiple. En enfonçant leurs racines dans le sol, elles contribuent à le désagréger et facilitent ainsi l'action des agents atmosphériques. Nous avons vu, à propos des torrents et des dunes, que les végétaux peuvent, par contre, jouer un rôle protecteur. Mais c'est surtout par l'accumulation de leurs dépouilles que les végétaux se signalent à l'attention du géologue.

Dans les contrées froides ou tempérées, les dépressions du sol sont parfois occupées par des marécages où, dans une eau limpide, croissent des plantes variées, notamment certaines espèces de Mousses qu'on appelle des Sphaignes (fig. 74). Les tiges de ces plantes

Fig. 74. — Sphaigne.

meurent par la base au fur et à mesure qu'elles s'allongent
par leur sommet. Les parties mortes forment, avec les débris
des autres végétaux du marécage, un tissu spongieux qui se
décompose et se transforme peu à peu en une substance brune
qu'on appelle la *tourbe* et qui sert de combustible. De tels
marécages sont des *tourbières*; on les exploite pour l'extraction de la tourbe. En France, il y a des tourbières sur les pla-

Fig. 75. — Vue d'une tourbière, à Bresles, près de Beauvais.

teaux des Alpes, des Vosges, du Jura, du Massif central et
aussi dans certaines vallées, la Somme, l'Oise, etc. (fig. 75).

Dans d'autres régions, des accumulations végétales peuvent
se faire d'une autre manière. Les grands fleuves, tels que le
Mississipi, transportent des troncs d'arbres et toutes sortes de
détritus végétaux qui s'entassent aux embouchures. Ainsi se
forment de véritables *alluvions végétales* qui se décomposent
sous l'eau et se transforment peu à peu en matière charbon-
neuse.

Il y a des terrains particulièrement riches en combustibles
minéraux qui forment des couches parfois très épaisses et dont
l'importance, au point de vue de la civilisation, est de tout

premier ordre. Les *lignites* (du latin *lignum*, bois), les

Fig. 76. — Tronc d'arbre fossile dans une mine de houille à Saint-Étienne.

houilles, les *anthracites* (du grec *anthrax,* charbon) doivent leur origine à des phénomènes analogues à ceux qui se passent aujourd'hui sous nos yeux. Ce sont des charbons d'autant plus purs qu'ils représentent des alluvions végétales plus anciennes. D'une manière générale, les lignites sont moins anciens que les houilles, et celles-ci moins anciennes que les anthracites. Aussi l'anthracite est-il un charbon plus pur que la houille, laquelle est plus pure que les lignites, lesquels sont plus purs que les tourbes, dont la formation n'est jamais très ancienne.

D'ailleurs, quel que soit leur état physique, même quand ils forment des roches compactes, paraissant homogènes, le microscope permet ordinairement de reconnaître, dans ces charbons fossiles ou minéraux, les traces des cellules, des vaisseaux, des fibres des plantes qui leur ont donné naissance. Dans les mines de houille on rencontre parfois des troncs d'arbre debout et bien conservés (fig. 76).

60. La houille, son importance, son exploitation. — La houille, ou *charbon de terre*, est le combustible minéral par excellence : c'est la houille qui éclaire nos cités, qui chauffe nos habitations, qui fait fonctionner les machines de nos usines, qui actionne nos grands instruments de transport sur mer et sur terre. Elle est donc un des principaux facteurs de la civilisation moderne.

La houille forme, au sein de la terre, des lits ou des couches dont l'épaisseur varie depuis quelques millimètres jusqu'à plusieurs dizaines de mètres. Quand ces lits ou ces couches affleurent à la surface du sol, on les exploite à ciel ouvert, dans des carrières. Le plus souvent les terrains qui renferment la houille s'enfoncent dans l'écorce terrestre jusqu'à des profondeurs considérables, parfois plus de 1000 mètres, ou sont enterrés sous des terrains plus récents. Dans ce cas, il faut aller à la rencontre des lits de combustible en creusant des puits verticaux, d'où partent des galeries horizontales aboutissant aux gîtes houillers.

Là, les mineurs débitent le charbon avec des pics, le chargent sur des wagonnets qui l'amènent au puits, d'où il est remonté dans des bennes par des machines à vapeur. L'extraction de la houille des profondeurs du sol n'est pas seulement onéreuse, elle est encore pleine de dangers. Tantôt des éboulements emprisonnent les mineurs dans des galeries sans issue. Tantôt les travaux rencontrent des nappes d'eau qui inondent brusquement les chantiers et noient les ouvriers. Mais les accidents les plus terribles, car ils font parfois des centaines de victimes, sont produits par les explosions du *grisou*, ou gaz des marais, emprisonné dans la houille et formant avec l'air un mélange détonant. On ne peut éviter ces catastrophes que par une ventilation énergique des galeries et par l'emploi de lampes de sûreté à toile métallique (lampe de Davy, fig. 77) ou de l'éclairage électrique.

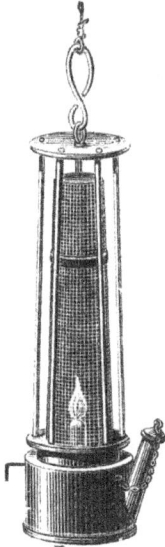

Fig. 77. — Lampe de Davy.

61. *Dépôts formés actuellement par des animaux marins*. — Beaucoup d'animaux marins ont leur corps protégé par un revêtement solide, formé principalement de calcaire qu'on appelle des *coquilles* ou des *tests*.

Parfois ces animaux sont fixés; ils vivent et meurent sur place; des générations d'individus se succèdent sur le même point et leurs coquilles s'y accumulent. Tels sont les bancs d'huîtres.

D'autres fois, les coquilles des animaux morts sont entraînées par les courants et rassemblées sur certains points de la plage où le sable devient alors très *coquillier*.

Mais ce ne sont pas les animaux les plus volumineux qui édifient les couches les plus puissantes. Quand on examine au microscope les vases qui tapissent le fond de la mer, au delà de la zone des dépôts formés par les apports des fleuves (voy. p. 74), on voit que ces vases sont exclusivement formées par des coquilles dont la grosseur n'atteint généralement pas celle d'une tête d'épingle et qui ont servi d'habitation à de petits animaux, d'organisation très simple, qu'on appelle des *Foraminifères* (¹). Ceux-ci pullulent dans les eaux marines; après leur mort ils gagnent lentement les profondeurs. Les vases ou boues à Foraminifères se poursuivent, au fond de l'Atlantique, sur plusieurs millions de kilomètres carrés, à des profondeurs variant entre 500 et 5000 mètres (fig. 78).

A des profondeurs encore plus considérables, jusqu'à plus de 8000 mètres, on observe une boue, non plus calcaire comme la précédente, mais siliceuse. Cette boue est également formée par l'accumulation de coquilles d'animaux mi-

Fig. 78. — Boue à Foraminifères des fonds océaniques, vue au microscope.

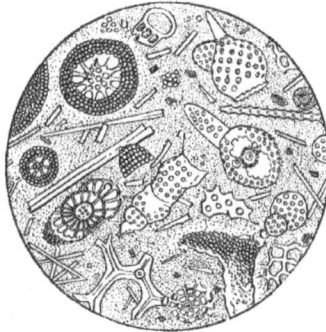

Fig. 79. — Boue à Radiolaires des fonds océaniques, vue au microscope.

croscopiques, qu'on appelle des *Radiolaires* (du latin *radius*, rayon) et qui sont remarquables par l'élégance de leurs formes (fig. 79).

Mais les plus curieux, parmi les dépôts formés par les animaux marins, sont les récifs coralliens.

Dans les mers très chaudes, entre les tropiques, les continents et les îles sont bordés de récifs dits *coralliens* parce qu'ils sont formés par des Coraux ou Polypiers. Ces productions, de nature calcaire, aux formes élégantes, souvent rami-

(¹) Du latin *foramen*, trou, et *fero*, je porte, parce que les coquilles de ces petits êtres sont percées de petits trous au moyen desquels ils communiquent avec l'extérieur.

fiées comme des végétaux, sont les habitations que se con-
struisent les Polypes, petits animaux ressemblant à des fleurs

Fig. 80. — Un atoll au milieu de l'océan Indien.

Fig. 81. — Quelques formes de Polypiers ou Coraux constructeurs des récifs.

(fig. 81), et qui ne peuvent vivre que dans des eaux très claires,
à de faibles profondeurs, 37 mètres au maximum. En se suc-

cédant pendant des siècles, les générations de Polypiers forment de grandes masses calcaires qui sont pour les navigateurs de dangereux récifs.

Parfois ces récifs sont disposés en cercles ou anneaux qu'on appelle des *atolls* (fig 80).
C'est parce que les coraux se sont établis au sommet d'une montagne sous-marine, de forme conique et d'origine volcanique (fig. 82).

Les récifs coralliens sont très nombreux dans l'océan Pacifique. L'Australie, la Nouvelle-Calédonie, les îles Salomon, sont baignées par une mer dite *mer du Corail*

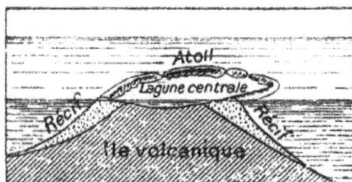

Fig. 82. — Vue et coupe théorique d'un atoll.

62. Terrains anciens formés par les animaux marins.

— Quand on étudie les terrains qui composent aujourd'hui les continents, on en remarque qui offrent les caractères des productions marines que nous venons d'étudier. Ces diverses roches, formées par l'activité des animaux, sont associées aux roches sédimentaires puisque les unes et les autres ont pris naissance dans l'eau.

Sur beaucoup de points, on rencontre des bancs d'Huîtres fossiles. Certains grès sont pétris de coquilles ; ils représentent des dépôts d'anciennes plages coquillières, dont les éléments ont été cimentés après coup par des eaux d'infiltration.

Le calcaire grossier avec lequel Paris est bâti, vu au microscope, se montre formé par des myriades de petits Foraminifères analogues à ceux qui composent les boues calcaires des océans actuels. Il en est souvent de même de la craie. Les pyramides d'Égypte sont construites avec un calcaire renfermant presque exclusivement des Foraminifères de taille géante, aujourd'hui disparus, les *Nummulites* (fig. 83) [1].

(1) Du latin *nummus*, pièce de monnaie, et du grec *lithos*, pierre, pour rappeler la forme de ces Foraminifères.

Dans la Bourgogne, le Poitou, etc., on observe de grandes masses calcaires constituées par des Polypiers encore parfaitement reconnaissables et qui sont disposées comme les récifs de Polypiers des mers tropicales actuelles. Dans le Midi de la

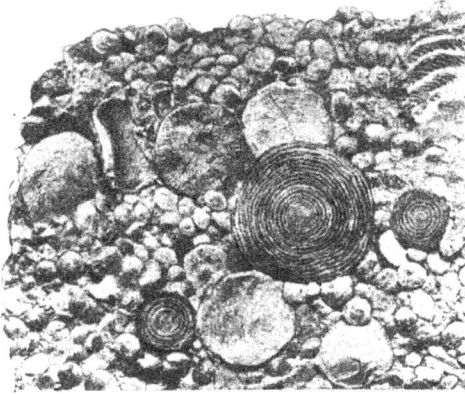

Fig. 85. — Morceau de calcaire à Nummulites.

France, d'autres calcaires ont été façonnés par des espèces spéciales de Mollusques qui avaient des coquilles lourdes et épaisses, les Rudistes.

Ces exemples, qu'on pourrait multiplier, montrent que l'activité des êtres vivants a été considérable à toutes les époques de l'histoire de la Terre; il faut lui rapporter une notable partie des terrains qui forment les continents.

CHAPITRE VI

PHÉNOMÈNES DUS A DES CAUSES INTERNES

63. *Antagonisme des agents externes et des agents internes*. — Les agents géologiques étudiés jusqu'à présent, tous extérieurs à la terre, ou agents externes, tendent, d'une part, à détruire les continents (phénomènes d'érosion) et, d'autre part, à exhausser le fond des mers de toute la quantité de matériaux enlevés aux continents (phénomènes de sédimentation). Le résultat final devrait être l'aplanissement général de la surface du globe terrestre et son envahissement par un océan sans bornes, de profondeur uniforme.

Il n'en est rien parce que de nouvelles actions, non plus extérieures à la terre, mais tirant leur origine de l'intérieur même de la planète, viennent contre-balancer les forces externes en produisant des effets exactement contraires.

64. *Chaleur interne*. — Quand on creuse un trou dans la terre, on constate que la température au fond du trou augmente avec la profondeur.

Les travaux effectués par l'homme, soit pour la recherche des eaux artésiennes, soit pour l'exploitation des mines, soit pour le creusement des grands tunnels, montrent que ce phénomène est général, qu'il s'observe aussi bien dans les régions glacées du pôle que dans les régions torrides de l'équateur. L'augmentation varie un peu suivant les localités; elle est en moyenne de 1 degré par 30 mètres de profondeur.

Mais l'homme ne saurait aller bien loin dans l'intérieur de la terre. Le sondage le plus profond qui ait été exécuté n'est descendu qu'à 2000 mètres et n'a accusé qu'une température de 69 degrés. Heureusement certains phénomènes naturels, tels que les sources chaudes et les volcans, nous donnent des informations : ils nous apprennent qu'à des profondeurs plus considérables correspondent des températures capables, non seulement de porter l'eau à l'ébullition, mais encore de fondre toutes les roches.

Il y a donc, dans l'intérieur du globe, une provision de chaleur énorme, une source d'énergie dont nous allons maintenant étudier les manifestations.

65. **Les volcans.** — Les volcans sont des appareils qui mettent l'intérieur de la terre en communication avec l'extérieur. Un volcan est d'abord une simple cassure de l'écorce terrestre d'où s'échappent diverses matières incandescentes. Celles-ci, en s'accumulant autour du point de sortie, forment bientôt une montagne conique, ou *cône volcanique*, dont le sommet se creuse d'une sorte d'entonnoir : le *cratère* (du latin *crater*, coupe). C'est au fond du cratère que se trouve le canal de communication avec les parties profondes du globe et qu'on appelle la *cheminée* (fig. 84).

Les volcans ne fonctionnent pas continuellement. Ordinairement il ne sort du cratère qu'un peu de fumée. Mais, de temps à autre, ils donnent lieu à des phénomènes d'une grande violence et entrent en *éruption*.

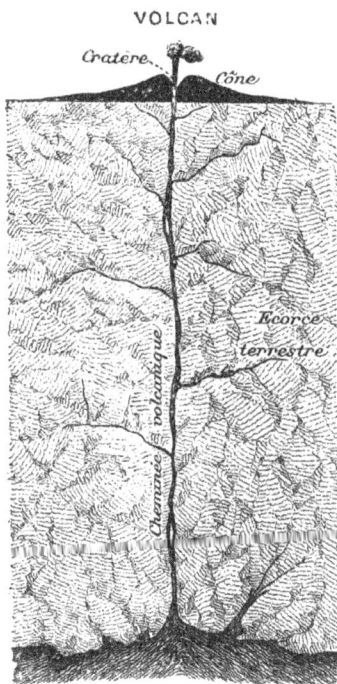

Fig. 84. — Dessin théorique d'un volcan.

66. **Éruptions volcaniques.** — Une éruption volcanique est un des spectacles les plus imposants de la nature.

Elle s'annonce, quelques jours auparavant, par des détonations souterraines. En même temps le sol tremble autour du

volcan. Souvent les sources diminuent ou tarissent ; d'autres
fois l'eau des puits entre en ébullition. Bientôt des explosions
se font entendre dans la région du cratère, dont les matériaux
peuvent être projetés dans les airs comme par de gigantesques
coups de mine.

Alors des masses énormes de vapeur s'échappent du cratère,
montent dans le ciel à plusieurs kilomètres de hauteur, ou s'ac-

Fig. 85. — Photographie de la grande éruption du Vésuve en 1892.

cumulent en épais nuages qui roulent les uns sur les autres
(fig. 85). Ces gaz entraînent avec eux des matières solides qui
sont projetées à des distances plus ou moins grandes suivant
leur volume. Les vapeurs et les cendres interceptant la lumière
du jour, le volcan et ses abords peuvent être plongés dans
d'épaisses ténèbres que traversent les lueurs de nombreux
éclairs.

Parfois, au contraire, la montagne s'illumine ; les nuages paraissent en feu parce qu'ils reflètent l'éclat de la lave en fusion qui est montée peu à peu dans la cheminée et remplit maintenant le cratère. Cette lave est le siège continuel d'explosions gazeuses qui la projettent de tous côtés en fragments incandescents. Elle ne tarde pas à trouver une issue, soit qu'elle déborde du cratère, soit qu'elle rompe, par son propre poids, les parois de l'entonnoir, soit qu'elle s'échappe par des fentes ou crevasses du cône. Elle se précipite sur les flancs de la montagne, se déroule en traînée de feu et va porter au loin la désolation et la mort.

67. *Produits volcaniques.* — Ainsi les volcans rejettent : des matières gazeuses, des matières liquides et des matières solides.

Parmi les produits gazeux, c'est la vapeur d'eau qui joue de beaucoup le rôle le plus important. Elle se résout en pluie torrentielle qui tombe sur les flancs fortement inclinés du volcan. Cette eau peut se mélanger aux matières meubles qui constituent le sommet du cône et former avec elles une sorte de boue qui va s'étaler sur les pentes inférieures, produisant ainsi des *coulées boueuses.*

Parfois des volumes colossaux de gaz et de vapeurs sont lancés du cratère à une température de plus de 1000° et avec une force prodigieuse, capable de transporter d'énormes blocs, de démolir les maisons, de déraciner les arbres, de carboniser les êtres vivants : c'est le phénomène des *nuées ardentes.* Les dernières éruptions de la Montagne Pelée (Martinique) ont permis d'observer de telles nuées, hautes de 4000 mètres (fig. 86) roulant sur les flancs du volcan et semant, sur tout leur trajet, la destruction et la mort. C'est ainsi que, le 8 mai 1902, la ville de Saint-Pierre, avec ses 28 000 habitants, fut anéantie en un très petit nombre de minutes !

D'autres fois, des explosions gazeuses font sauter, comme à la mine, le sommet des cônes volcaniques et provoquent la formation, par effondrements, de gouffres énormes.

Les matières solides sont de grosseurs très différentes. Quand la lave remplit le cratère, les explosions gazeuses, qui se font jour à travers la masse bouillonnante, lancent, comme des

Fig. 86. — La nuée ardente du 16 décembre 1902 arrivant à la mer. Hauteur : 4000 mètres. (Photographie de M. Lacroix.)

projectiles, des morceaux de roche fondue, qui prennent, en

tournoyant dans les airs, une forme ovoïde et spiralée et vont

Fig. 87. — Bombe
volcanique.

tomber sur les flancs du volcan à des distances plus ou moins grandes suivant leur grosseur. Ce sont les *bombes volcaniques* (fig. 87).

D'autres fois, c'est l'écume du bain de lave qui est projetée à l'état de fragments boursouflés, creusés de cavités comme une éponge et, par suite, remarquables par leur légèreté. Ce sont des *scories* ou des *ponces*.

Quand ces fragments sont tout petits, de la grosseur d'un pois ou d'une noisette, on leur donne le nom de *lapillis* (mot créé

Fig. 88. — Cône volcanique, après une pluie de cendres (Californie). Au premier plan, un arbre dépouillé de ses branches et de ses feuilles par la chute des matières projetées.

en Italie où il y a beaucoup de volcans). Ils sont projetés beaucoup plus loin,

Enfin, l'écume de la lave peut être divisée et réduite, par les explosions, à l'état d'une poussière, la *cendre volcanique* (fig. 88), qui, entraînée par les vents, peut franchir des distances vraiment colossales. Les cendres volcaniques du Vésuve sont allées parfois jusqu'à Constantinople. Les volcans d'Islande en ont envoyé jusqu'à Stockholm, c'est-à-dire à près de 2000 kilomètres de distance. Nous avons vu que, dans les grandes profondeurs marines, les seuls dépôts qu'on y observe sont formés par des cendres volcaniques.

Ce sont principalement ces matériaux de projection : gros

Fig. 89. — Le Puy de Dôme, montagne trachytique.

blocs, bombes, lapillis, cendres, qui, s'accumulant autour des orifices primitifs, édifient les cônes ou montagnes volcaniques.

Les matières liquides constituent les *laves*, substances fondues, dont la température dépasse 1000 degrés et qui s'épanchent en formant des *coulées*. La vitesse de progression et la longueur des coulées varient beaucoup avec le degré de fluidité de la lave et la pente du sol sur lequel cette lave s'épanche. On connaît des coulées de 50 kilomètres de longueur.

68. *Principales laves*. — Quand elles sont refroidies, les laves se présentent sous divers aspects.

Les unes, de couleur claire, sont relativement légères, rugueuses au toucher ; on les appelle des *trachytes* ([1]). Elles forment des montagnes arrondies ou dômes (fig. 89) et des coulées épaisses mais de peu d'étendue. Les *phonolithes* ([2]) sont des trachytes disposés en dalles sonores.

D'autres, de couleur sombre, sont plus lourdes car elles contiennent beaucoup de fer ; ce sont les *basaltes*, qui s'épanchent en coulées peu épaisses, mais s'étendant très loin. Et il y a de nombreuses variétés intermédiaires.

Fig. 90. — Les orgues basaltiques d'Espaly, près du Puy (Haute-Loire)

Toutes ces roches, formées par le feu, ayant une *origine ignée* (du latin *ignis*, feu), ont des caractères communs qui les différencient des roches formées par l'eau et que nous avons étudiées sous le nom de roches sédimentaires.

[1] Du grec *trachys*, rude, rude au toucher
[2] Du grec *phôné*, son, et *lithos*, pierre.

Elles ne sont pas disposées en lits ou en couches horizontales ; elles sont plutôt divisées en masses prismatiques ou en piliers par des fissures verticales. Les basaltes se présentent souvent disposés en prismes réguliers, serrés les uns contre les autres comme des tuyaux d'orgue et formant de superbes colonnades désignées sous le nom d'*orgues basaltiques* (fig. 90). De plus, les roches volcaniques sont formées par des grains brillants, accolés les uns aux autres, de véritables cristaux ; elles n'ont pas l'aspect terreux des roches sédimentaires. Elles présentent souvent une structure scoriacée, vésiculaire, c'est-à-dire une multitude de petites cavités arrondies produites par des bulles de gaz.

69. *Principaux volcans actifs.* — Le nombre des volcans actifs est considérable. Ils se rencontrent dans toutes les

Fig. 91 — Vue prise vers le sommet de l'Etna pendant l'éruption de 1892.

parties du globe, aussi bien dans les contrées glacées du pôle que dans les contrées brûlantes de l'équateur.

En Europe, il faut citer, parmi les plus importants : le Vésuve qui domine la ville de Naples et sur lequel nous reviendrons tout à l'heure ; le Stromboli (îles Lipari), dans le cratère duquel la lave ne cesse de bouillonner ; l'Etna, dont la masse énorme s'élève en Sicile à une hauteur qui dépasse

3300 mètres et dont les flancs sont couverts d'une foule de petits cônes ou de cratères adventifs (fig. 91) ; l'Hékla, enseveli sous les neiges de l'Islande.

Le plus grand nombre se trouvent au voisinage de la mer. Les côtes de l'océan Pacifique, tant en Amérique qu'en Océanie et en Asie, sont bordées par une nombreuse série de volcans qui forment un véritable *cercle de feu* (fig. 92). Ce sont d'abord les volcans de la Nouvelle-Zélande accompagnés de geysers (Voyez plus loin), ceux des Nouvelles-Hébrides et de Salomon. Puis le groupe formidable des îles de la Sonde, comprenant plus de cent montagnes éruptives dont un grand nombre dépassent 3000 mètres d'altitude.

Les volcans de Java sont célèbres par les déluges de boues ou de pierres aux effets beaucoup plus désastreux que ceux des coulées de laves. En 1815, le Tambora, qui s'élevait à 4000 mètres, fut décapité par une explosion. Un phénomène du même genre s'est produit au Krakatoa en 1883. Après avoir projeté dans les airs 18 kilomètres cubes de débris, le volcan s'effondra avec un bruit terrible qui fut perçu à des distances de plus de 3000 kilomètres ; l'effondrement souleva un *ras de marée*, c'est-à-dire d'immenses vagues qui balayèrent les côtes voisines et causèrent la mort de 30 à 40 000 êtres humains.

L'archipel japonais comprend une vingtaine de volcans, notamment la montagne sacrée de Fousi-Yama. La guirlande de feu se continue par les îles Kouriles, le Kamtschatka, les îles Aléoutiennes.

L'Amérique du Nord est relativement pauvre en volcans actifs, mais l'Amérique centrale présente, entre beaucoup d'autres : au Mexique, le Popocatepetl, haut de 5400 mètres ; au Nicaragua, le Coseguina ; aux Antilles la fameuse Montagne Pelée, Saint-Vincent. Dans l'Amérique du Sud, la chaîne des Cordillères est jalonnée par toute une série d'énormes volcans : le Cotopaxi a près de 6000 mètres d'altitude.

Au centre même de ce cercle, au milieu du Pacifique, les îles Hawaii, ou Sandwich, dressent brusquement leurs sommités à plus de 4000 mètres dans les airs. Les énormes cratères de Mauna Loa et de Kilauea se remplissent souvent de laves

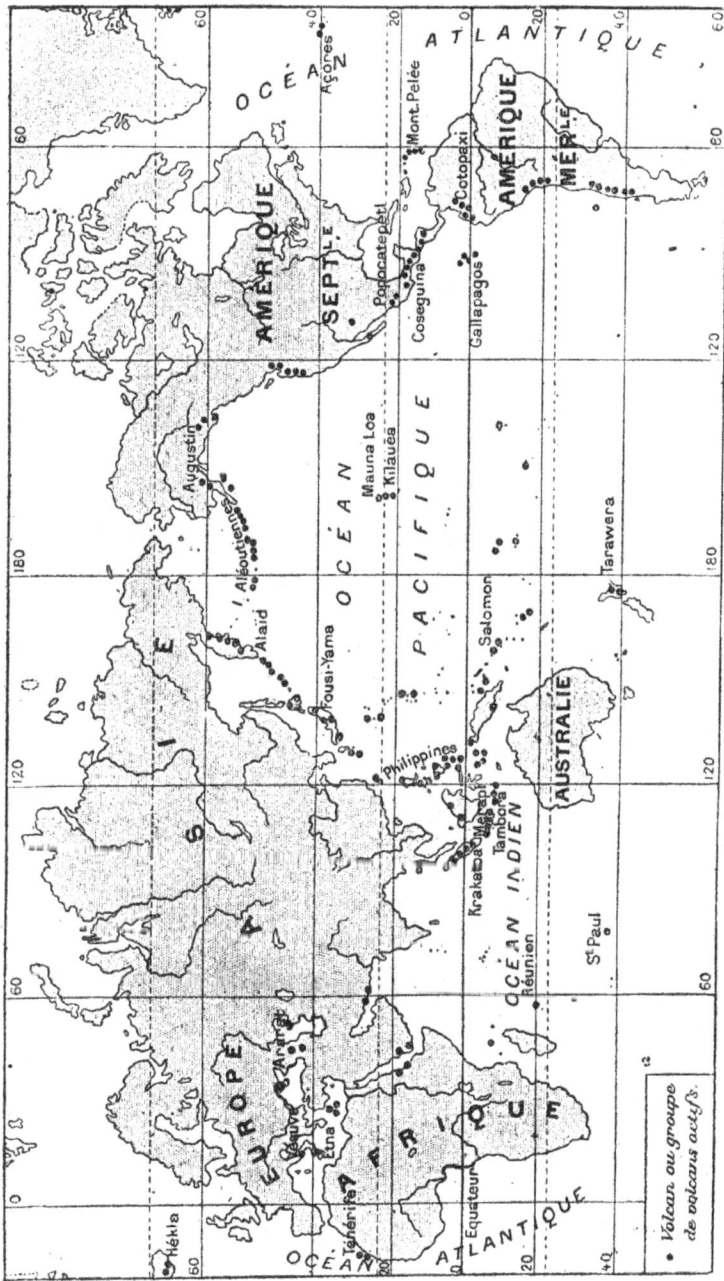

Fig. 92. — Carte des principaux volcans actifs du globe.

• Volcan ou groupe
  de volcans actifs.

ardentes et se transforment en véritables lacs de feu, qui parfois se déversent en coulées de 50 kilomètres de longueur.

Il y a aussi des volcans sous-marins, c'est-à-dire ayant pris
naissance au sein même de la mer et s'étant élevés peu à peu ou
brusquement au-dessus des flots. Tels celui de Santorin dans la
Méditerranée et de l'île Saint-Paul dans l'océan Indien.

70. **Volcans éteints**. — L'activité d'un volcan n'est pas
éternelle. Au bout d'un temps plus ou moins long et après un
certain nombre d'éruptions, il finit par s'éteindre.

D'ailleurs, il n'est pas toujours facile de savoir si un volcan
est éteint ou s'il ne fait que sommeiller. Au début de notre
ère, en l'an 79, le Vésuve était déjà une montagne couverte
de végétation. A sa base s'élevaient les villas de riches Romains.
Personne ne savait que c'était un volcan ; jamais la moindre
fumée n'avait été vue à son sommet. Un jour, brusquement,
le sommet fit explosion. Des nuages épais plongèrent tout le
pays dans l'obscurité et l'ensevelirent sous une pluie de
cendres. Deux villes, Pompéi et Herculanum, périrent avec
tous leurs habitants.

Ces villes ont été retrouvées et en partie déblayées de leur
couverture de cendres volcaniques (fig. 95). Tout y est encore
admirablement conservé. Depuis cette époque, le Vésuve n'a
pas cessé de donner des signes d'activité et certaines éruptions
ont été violentes. Même dans ses périodes de calme, son cratère
laisse échapper une fumée de mauvais augure.

Les volcans éteints sont encore plus nombreux que les volcans actifs. En France, par exemple, nous n'avons pas de
volcans actifs, mais nous avons beaucoup de volcans éteints.

Il y a, en Auvergne, aux environs de Clermont-Ferrand,
toute une chaîne de montagnes, qu'on appelle la Chaîne des
Puys, et dans laquelle l'œil le moins exercé peut reconnaître
d'anciens volcans. C'est une suite d'environ 60 montagnes
coniques, isolées ou soudées entre elles par leurs bases. Le
sommet de ces cônes se creuse souvent d'un cratère admirablement conservé, d'où s'échappent des coulées de laves qui
semblent s'être épanchées d'hier et qui forment aujourd'hui

Fig. 95. — Vue des ruines de Pompéi et du Vésuve.

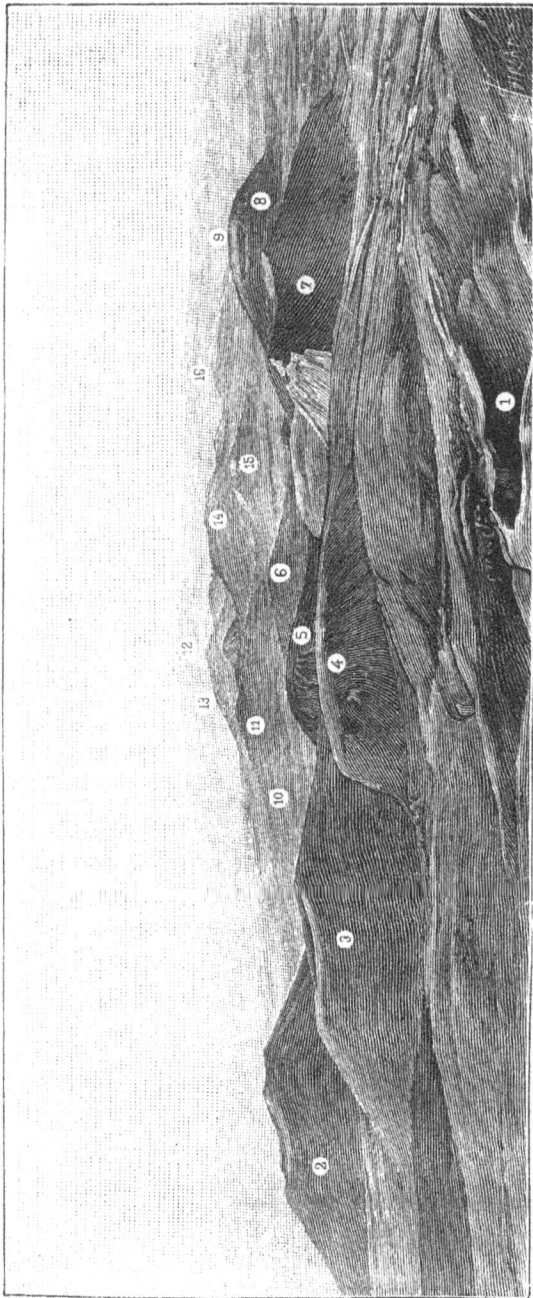

Fig. 94. — Volcans anciens bien conservés. — Vue panoramique de la portion nord de la Chaîne des Puys, prise du sommet du Puy de Dôme. — 1, Nid de la Poule; 2, Puy de Côme; 3, Grand Suchet; 4. Petit Suchet; 5. Clierzou; 6, Puy de Fraisse; 7. Puy de Pariou; 8, Puy des Goules; 9, le Sarcoui; 10, Puy de Lantégy; 11, Puy des Goutes; 12, Puy Chopine; 15, Puy de Louchadière; 14, Puy de Jumes. 15, Puy de Chaumont; 16, Puy de la Nugère.

Fig. 95. — Volcan ancien en ruines. — Dykes ou anciennes cheminées volcaniques à moitié démolies par les érosions atmosphériques dans le massif du Mont-Dore.

des étendues rocailleuses, hirsutes, d'un aspect désolé. Rien
n'est plus étrange que le panorama de ces volcans de la Chaîne
des Puys, vus du sommet du Puy de Dôme (fig. 94).

Le Mont-Dore, le Cantal, les montagnes de la Haute-Loire
représentent aussi d'énormes volcans. Mais, comme ils sont
plus anciens que ceux de la Chaîne des Puys, ils sont aussi
beaucoup moins bien conservés. Les cratères, réduits à l'état de
ruines, sont à peine reconnaissables; la lave qui remplissait les
anciennes cheminées, déchaussée par l'érosion, s'élève en murailles naturelles qu'on nomme des *dykes* (mot anglais) (fig. 95).

Les trachytes, les phonolithes, les basaltes, qui forment
presque partout le sol de ces contrées, sont identiques aux
laves des volcans actuels.

71. *Les roches éruptives anciennes; leur importance.*
— L'étude des volcans nous a amenés à reconnaître l'existence d'une catégorie de ro-
ches toutes différentes des
roches sédimentaires, les roches éruptives.

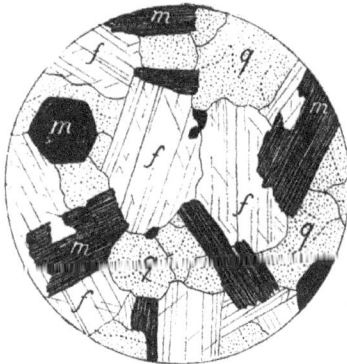

Fig. 96. — Composition et structure
du granite. Les trois minéraux principaux : mica (*m*), feldspath (*f*) et
quartz (*q*) forment des cristaux
juxtaposés.

L'importance de ces der-
nières n'est pas moins grande
que celle des roches sédimentaires, auxquelles on les
trouve associées. Dans beaucoup de pays, les roches éruptives, qu'on appelle aussi
roches ignées, occupent des
espaces considérables. Les
unes sont identiques aux laves
actuelles; il est clair qu'elles
sont également sorties de volcans à cratères. D'autres sont
un peu différentes, mais il n'est pas douteux qu'elles ont une
origine analogue, qu'elles proviennent, comme les premières,
des profondeurs du globe. Les plus importantes, parmi ces
dernières, sont les *granites* et les *porphyres*.

72. *Les granites*. — Le granite (¹) est extrèmement ré-

Fig. 97. — Paysage granitique. — (Comparez ce dessin d'une roche *éruptive* avec la figure 67 qui représente une roche *sédimentaire*.)

pandu. Il forme des territoires très vastes, surtout dans les régions montagneuses.

(¹) Du latin *granum*, grain.

C'est une roche formée de trois éléments, ou minéraux, juxtaposés ou enchevêtrés les uns dans les autres en quantités à peu près égales, et qu'il est très facile de distinguer (fig. 96).

Le premier de ces éléments est le *quartz*, substance transparente, incolore ou grise, très dure, capable de rayer le verre auquel il ressemble beaucoup. Le second est le *feldspath*, de couleur blanche ou rosée, opaque, à petites surfaces planes, miroitantes. Le troisième est le *mica*, formé par des paillettes ou des lamelles très minces, empilées les unes sur les autres, élastiques, ayant des reflets noirs, bronzés ou argentés.

Ces divers éléments peuvent être de grosseur variable. Il y a des granites à gros grains, des granites à grains moyens, des granites à grains fins. Parmi ces derniers, une variété, dont le mica est blanc, argenté, se nomme *granulite*.

Il y a des granites qui ont de très grands cristaux de feldspath, ce sont les *granites porphyroïdes*.

Fig. 98. — Rocher branlant de granite sur le plateau du Sidobre (Tarn).

Le granite est la plus répandue des roches éruptives; il constitue dans le Massif Central, la Bretagne, les Vosges, etc., de vastes territoires et donne au paysage un aspect particulier (fig. 97).

Il se désagrège, à la longue, sous l'influence des agents atmosphériques, et se transforme en *arènes* ou sables plus ou moins argileux. La désagrégation laisse souvent subsister de gros blocs arrondis, posés les uns sur les autres en équi-

libre instable : *rocs branlants,* qui sont parfois l'objet de
légendes et de superstitions (fig. 98).

La décomposition d'un des éléments du granite, le feldspath, donne naissance à des argiles. Le *kaolin* (mot d'origine
chinoise), qui sert à faire de la porcelaine, n'est autre chose
qu'une argile blanche, très pure, provenant de la décomposition de certains granites. Tandis que les argiles ordinaires

Fig. 99. — Carrière de kaolin dans le Limousin.

sont très communes, le kaolin est plus rare. En France, on
l'exploite dans le Limousin (fig. 99).

Le granite est une roche dure, résistant bien aux injures du
temps, excellente pour les constructions. On en fait des bor-
dures de trottoirs, des pierres d'appareil pour constructions
monumentales. Les variétés susceptibles d'être polies sont employées pour des colonnes, des socles de statues, etc. Les
monuments égyptiens en granite (obélisque de Louqsor par
exemple), qui datent de plusieurs milliers d'années, sont encore
d'une fraîcheur parfaite.

73. Porphyres. — Les porphyres (¹) diffèrent des granites parce que leurs éléments sont si petits qu'on ne peut les
distinguer qu'au microscope.

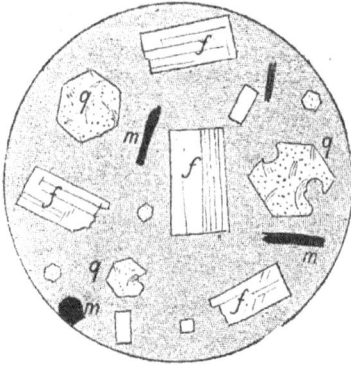

A l'œil nu (fig. 100), ils paraissent composés d'une pâte
homogène, de couleur va-
riée, blanche, grise, verte ou
rouge, et dans laquelle sont
noyés de gros cristaux de
feldspath ou de quartz.

Les porphyres sont beau-
coup moins répandus que les
granites ; ils donnent également de bonnes pierres de
construction, mais ce sont
plutôt des matériaux de luxe.
Les civilisations antiques en
ont fait un grand usage pour

Fig. 100. — Composition et structure
du porphyre : des cristaux de feldspath (*f*), de quartz (*q*) et parfois de
mica (*m*), sont noyés dans une pâte
homogène.

des colonnes, des tombeaux, des statues, etc.

74. Terrains cristallophylliens. — Métamorphisme.
— Quand on étudie les terrains qui forment l'écorce terrestre,
on en rencontre qu'il est difficile de rapporter à aucune des
deux catégories de roches que nous avons étudiées jusqu'à
présent et qui participent aux caractères de l'une et de l'autre.
Ce sont les *schistes cristallins* ou *cristallophylliens* (²)
(fig. 101).

Ces roches, qui occupent de grandes étendues dans divers
pays, sont disposées en couches, comme les roches sédimentaires ; elles ont même une disposition feuilletée, car leurs
éléments sont alignés en traînées, mais ces éléments, au lieu
d'avoir un aspect terreux comme ceux des roches sédimentaires que nous avons vues jusqu'à présent, sont cristallisés
comme ceux des roches éruptives. Les plus importantes sont

(¹) Du latin *porphyra*, pourpre, parce que le porphyre utilisé par les
Romains était d'une belle couleur rouge.
(²) Du mot *cristal* et du grec *phullon*, feuille, pour rappeler leur
double nature cristalline et feuilletée.

les *micaschistes* ([1]), qui renferment du mica en abondance et
les *gneiss* ([2]) qui ont la même composition que le granite,
mais dont les trois éléments, quartz, feldspath et mica, sont
disposés en lits superposés. Les schistes cristallins sont utilisés
pour couvrir les toits des maisons.

Pour comprendre l'origine de ces schistes cristallins, il faut

Fig. 101. — Carrière de schistes cristallins.

examiner certains phénomènes présentés à l'heure actuelle par
les volcans.

Quand une coulée de lave incandescente arrive au contact
de roches sédimentaires, elle leur fait subir des transformations. La chaleur et les gaz dégagés par cette lave altèrent
profondément la roche sédimentaire. Si c'est une argile par
exemple, cette argile est cuite, durcie, transformée en brique;
sa couleur change, devient rouge; elle se charge de fer, elle
peut même prendre une texture cristalline.

([1]) De mica et du grec *schizô*, je fends.
([2]) Mot d'origine allemande.

Si c'est un calcaire, celui-ci peut aussi cristalliser et se transformer en marbre. Il se produit alors une véritable métamorphose, d'où le nom de *métamorphisme* qu'on a donné à ces phénomènes.

Les terrains cristallophylliens sont formés par des roches sédimentaires très anciennes, ayant par conséquent subi beaucoup de vicissitudes, ayant été souvent l'objet de modifications de la part des roches éruptives qui les ont traversées ou qui sont arrivées à son contact. Ce sont des roches sédimentaires métamorphisées.

75. Sources chaudes. Geysers. — La chaleur de l'intérieur de la terre se manifeste par des phénomènes autres que les volcans.

Quand les eaux d'infiltration dont nous avons parlé (p. 58) pénètrent assez profondément dans l'intérieur du globe, elles arrivent dans des régions où la température est très élevée. Si elles reviennent à la surface du sol, elles sont encore chaudes et forment des *sources thermales*, dont la température peut aller jusqu'à l'ébullition.

Les sources thermales sont particulièrement abondantes dans les régions d'anciens volcans. En Auvergne, par exemple, elles sont très nombreuses. Celles de Chaudesaigues, dans le Cantal, sortent à une température de 80 degrés.

Les sources thermales les plus curieuses sont les *geysers*. Elles jaillissent par intermittences et sont sujettes à de véritables éruptions, pendant lesquelles des colonnes d'eau bouillante sont projetées à des hauteurs considérables avec une grande violence.

Il y a des geysers en Islande et dans la Nouvelle-Zélande. Mais les plus nombreux et les plus beaux se trouvent en Amérique, dans le Parc national du Yellowstone, au milieu des Montagnes Rocheuses. L'un de ces geysers, le *Géant* (fig. 102), fait régulièrement éruption tous les six jours pendant une heure ou une heure et demie. Sa colonne d'eau s'élève à 60 ou 80 mètres de hauteur. Un autre, le *Vieux-Fidèle*, est ainsi nommé, parce qu'il joue régulièrement toutes les heures.

76. *Dépôts formés par les sources chaudes. — Filons métallifères.* — Tout le monde sait que l'eau chaude peut

Fig. 102. — Le geyser Géant en éruption (Montagnes Rocheuses).

dissoudre plus facilement certaines substances que l'eau froide : un morceau de sucre fond plus rapidement dans l'eau

chaude que dans l'eau froide. Aussi les eaux thermales sont-
elles riches en substances diverses empruntées aux roches
qu'elles ont traversées et dissoutes sur leur passage.

Les sources thermales sont toutes en même temps des
sources minérales (voy. p. 42). C'est à cause de cela qu'elles
ont des propriétés médicales. Ce sont « des remèdes préparés
par la nature ». Mais, au fur et à mesure qu'elles se refroi-

Fig. 103. — Les « pétrifications » de la fontaine Sainte-Alyre,
à Clermont-Ferrand.

dissent, ces eaux abandonnent, soit dans leurs canaux d'ascension, soit au bord de leurs orifices de sortie, une partie des
substances qu'elles tiennent en dissolution.

C'est ainsi qu'il y a des sources thermales qui déposent des
calcaires. En Auvergne, ces sources sont dites incrustantes,
parce qu'on les utilise pour recouvrir des objets variés, des
nids, des fruits, voire même des mannequins, d'une couche
de carbonate de chaux (fig. 103). En Amérique, des sources
chaudes ont formé d'énormes masses, de véritables mon-

tagnes de calcaire disposées en terrasses, en vasques naturelles, en stalactites, etc. (fig. 104). De pareilles sources et
de pareils dépôts s'observent aussi en Algérie, à Hammam-
Meskhoutine.

Les geysers déposent au contraire une roche siliceuse qu'on

Fig. 104. — Sources chaudes dites du Mammouth, dans le parc du Yellowstone
(Montagnes Rocheuses) et leurs dépôts calcaires.

appelle la *geysérite* et qui forme, autour de l'orifice de sortie,
des concrétions d'une grande beauté (fig. 105).

Des tuyaux de conduite d'eaux minérales datant de
l'époque romaine ont été en partie obstrués par des dépôts
analogues.

Or, on observe, soit dans les roches sédimentaires, soit
dans les roches éruptives, des fissures anciennes tapissées par
des dépôts qui rappellent tout à fait ceux que les eaux minérales forment sous nos yeux. Parmi les substances qui remplissent ces fissures, les plus importantes sont les *minerais*
d'où l'on extrait beaucoup de métaux. Les *filons métallifères*
représentent donc les conduites ou canaux d'ascension d'anciennes sources thermo-minérales.

77. *Émanations gazeuses*. — Dans les pays volcaniques ou qui ont eu autrefois des volcans, on observe un phénomène intéressant qui consiste en dégagements de gaz acide carbonique. On lui donne le nom de *mofettes*.

En Auvergne, le sol est imprégné d'acide carbonique; ce gaz s'exhale en maints endroits. A Royat, près de Clermont, se trouve la *grotte du Chien*. C'est une excavation naturelle

Fig. 105. — Cratère et dépôts de geysérite du geyser appelé le *Vieux-Fidèle* (Montagnes Rocheuses) pendant une période de repos. Dans le fond, deux autres geysers en éruption.

creusée dans le basalte. Les fissures dégagent de l'acide carbonique qui s'accumule sur une épaisseur de 1 mètre à la surface du sol. Un chien y tombe asphyxié parce qu'il est tout entier plongé dans le gaz délétère; à cause de sa plus grande taille, un homme peut au contraire y séjourner sans malaise. Il y a aussi une grotte du Chien au pied du Vésuve, près de Naples.

En Amérique, dans le parc du Yellowstone, se trouve un

ravin creusé dans des roches volcaniques et au fond duquel bouillonne une source qui dégage de l'acide carbonique. Tout autour on observe les carcasses de nombreux animaux, Ours gris, Cerfs, morts par asphyxie. C'est le ravin ou *gouffre de la mort* (fig. 106).

A Java il y a aussi une vallée de ce genre dite *vallée de la mort*.

78. *Tremblements de terre*. — Nous venons de voir que l'activité interne de la terre produit des roches qui remplacent, dans une certaine mesure, celles que les agents externes enlèvent aux continents.

Fig. 106. — Le ravin de la mort, dans les Montagnes Rocheuses.

Si important que soit à cet égard le rôle joué par ces roches éruptives, il ne suffirait pas pour contre-balancer le travail de l'érosion. D'autres phénomènes interviennent, qui déplacent peu à peu les mers et soulèvent peu à peu les continents.

La terre, bien loin d'être immobile, est le siège de secousses, d'ébranlements qu'on nomme *tremblements de terre* ou *séismes*.

Parfois, il ne s'agit que d'une sorte de frémissement assez peu important pour qu'il passe inaperçu. Les tremblements de terre de ce genre sont extrêmement fréquents. Il est probable qu'il ne s'écoule pas une heure sans qu'un tremblement de terre ne se fasse sentir quelque part à la surface du globe. Pour les percevoir, il faut des instruments spéciaux (¹).

(¹) Ces instruments sont appelés *séismographes* (du grec *seismos*, secousse, et *graphein*, décrire).

D'autres fois, les mouvements sont des plus violents et occasionnent de véritables catastrophes (fig. 107). De tels cas
sont heureusement beaucoup moins nombreux. Alors les
maisons s'écroulent, les arbres sont déracinés, les objets
inertes et même les êtres vivants sont projetés dans l'espace,
des montagnes s'affaissent, le sol s'entr'ouvre (fig. 108). Il se
produit de longues fentes qui brisent les canaux souterrains
des sources et tarissent celles-ci. On a vu des fissures se
poursuivant sur 100 kilomètres de longueur. Ces phénomènes
s'accompagnent de grondements souterrains.

Parmi les tremblements de terre les plus importants dont
l'histoire moderne ait gardé le souvenir, il faut citer celui qui,
en 1693, coûta la vie à plus de 60 000 habitants de la Sicile.
En 1755, la ville de Lisbonne fut détruite ; 30 000 de ses habitants périrent dans la catastrophe. Récemment, en septem-
bre 1905, de grandes secousses dévastèrent la Calabre, et en
avril 1906, la ville de San Francisco a été en partie ruinée par
un tremblement de terre.

Quand le fond de la mer est ébranlé par les secousses, la
masse liquide est violemment agitée ; des vagues énormes
s'élèvent et se précipitent sur la terre avec une grande rapi-
dité en balayant tout sur leur passage. Ces *ras de marées*
occasionnent aussi de grandes catastrophes, causent la mort
de milliers d'êtres humains. Le 15 juin 1896, la côte nord-
ouest du Japon fut secouée par un tremblement de terre. La
mer s'avança dans l'intérieur, fit périr 27 000 personnes et
détruisit les habitations de 60 000 survivants. Plus près de
nous, le 28 décembre 1908, un tremblement de terre suivi
d'un ras de marée a détruit les villes de Messine et Reggio.

Les tremblements de terre sont plus fréquents dans les
régions où l'écorce du globe, plus fendue, plus fissurée, offre
en quelque sorte le moins de solidité.

**79. *Exhaussements et affaissements du sol.* — *Dé-
placements des lignes du rivage.*** — Il arrive souvent qu'à
la suite d'un tremblement de terre certaines régions s'affaissent et d'autres se soulèvent. Les lèvres d'une fissure, par

Fig. 107. — Ruines causées par le tremblement de terre d'Ischia, en 1883.

exemple, peuvent jouer de manière qu'elles ne soient plus au
même niveau. C'est ainsi que le tremblement de terre, survenu
le 28 octobre 1891 au Japon, a produit une crevasse de 112 kilomètres de long. Les deux tronçons d'une route coupée par
la crevasse ont subi une dénivellation de plusieurs mètres
(fig. 109). Une pareille fente s'est produite en Grèce, sur

60 kilomètres de longueur, lors des tremblements de terre de 1894.

On connaît des pays où les exhaussements et les affaissements du sol prennent une importance considérable. Sur les côtes de la Sicile et de la Finlande, la terre se soulève lentement, de 1 mètre environ par siècle. Ailleurs, sur les côtes du Japon, par exemple, la terre s'affaisse et la mer s'avance.

Fig. 108. — Crevasses produites par le tremblement de terre de 1906, en Californie.

Dans certaines régions, on voit d'anciennes plages formées par la mer à un
niveau que celle-ci ne peut plus atteindre, même par les
plus grandes marées. Ailleurs, par les très basses eaux, la
mer découvre des forêts submergées, qui ont dû croître et se
développer, il y a des siècles, sur la terre ferme. Ces dépla-
cements des lignes de rivage impliquent soit un exhausse-
ment de la terre ferme, soit un abaissement du niveau général
de la mer.

Ces changements sont tellement lents qu'ils ne deviennent
sensibles qu'après de longues années d'observation, de même

qu'il faut regarder quelque temps les aiguilles d'une montre
pour les voir bouger.

Considérés isolément et pendant la durée d'une vie humaine,
les effets de ces phénomènes paraissent insignifiants. Mais,
quand on songe qu'ils peuvent se répéter des milliers et des
milliers de fois dans la suite des siècles, on comprend qu'à la
longue ils puissent produire des changements énormes.

Ils arrivent en effet peu à peu à faire émerger des régions

Fig. 109. — Dénivellation du sol produite à Midori (Japon)
par le tremblement de terre du 28 octobre 1891.

entières autrefois recouvertes par la mer ; et c'est ainsi qu'on
trouve, dans des pays de montagnes, des roches identiques à
celles que nous avons vues se former dans la mer ; inversement,
beaucoup de territoires, autrefois terres fermes, ont été peu à peu
affaissés, envahis par la mer qui y dépose maintenant de nouvelles couches de terrains sédimentaires. On peut dire que les
limites des territoires maritime et continental varient sans cesse.

80. *Conclusions générales.* — Ainsi la terre est le siège
de perpétuelles transformations.

A aucun moment de son existence elle n'est absolument semblable a elle-même.

Si, d'un côté, les agents externes tendent à démolir les continents et à combler les dépressions marines, d'un autre côté, les agents internes tendent à former des terres nouvelles, soit en provoquant la sortie d'énormes masses de roches éruptives de l'intérieur de la terre, soit en soulevant peu à peu les couches précédemment formées au sein de la mer.

C'est le tableau de ces transformations qui constitue l'histoire de la Terre et que nous étudierons dans la classe de Seconde.

TABLE DES MATIÈRES

MASSON & Cie, ÉDITEURS.

120, BOULEVARD SAINT-GERMAIN, PARIS (VIe).

Pr. n° 712 *bis.*   (Octobre 1912)

EXTRAIT DU CATALOGUE CLASSIQUE

(Année Scolaire 1912-1913)

ENSEIGNEMENT SECONDAIRE

Nouveau Cours de Grammaire française

Par H. BRELET

Nouvelles éditions conformes à la nouvelle nomenclature

I
CLASSES PRÉPARATOIRES

Premières leçons de Grammaire française, à l'usage des Classes Préparatoires, par H. BRELET et MATHEY, professeur au lycée Janson-de-Sailly. *Nouvelle édition.* 1 vol. in-16, cartonné . . . . 2 fr.
Ce volume comprend à la fois les leçons et les exercices.

II
CLASSES ÉLÉMENTAIRES

Éléments de Grammaire française, à l'usage des classes de Huitième et de Septième, par H. BRELET. *Nouvelle édition*, revue et corrigée, 1 vol. in-16, cartonné toile souple . . . . 2 fr.
Exercices sur les Éléments de Grammaire française, à l'usage des classes de Huitième et de Septième, par V. CHARPY, agrégé de Grammaire, professeur au lycée Janson-de-Sailly. *Nouvelle édition*, 1 vol. in-16, cartonné toile souple. . . . . 2 fr.

III
PREMIER CYCLE

Divisions A *et* B

Abrégé de Grammaire française, à l'usage des classes de Sixième et de Cinquième, par H. BRELET. *Nouvelle édition*, revue et corrigée. 1 vol. cartonné toile souple . . . . 2 fr. 50
Exercices sur l'Abrégé de Grammaire française, à l'usage des classes de Sixième et de Cinquième, par H. BRELET et V. CHARPY. *Nouvelle édition.* 1 vol. in-16, cartonné toile souple. . . . . 2 fr. 50

IV

Grammaire française, à l'usage de la classe de Quatrième et des Classes supérieures, par H. BRELET. *Nouvelle édition.* 1 vol. in-16, cart. . . . 3 fr.
Exercices sur la Grammaire française, à l'usage de la classe de Quatrième et des Classes supérieures, par H. BRELET et V. CHARPY. *Nouvelle édition.* 1 vol. in-16, cartonné toile . . . . 3 fr.

ENSEIGNEMENT SECONDAIRE

GRAMMAIRE

NOUVEAU COURS

DE

Grammaire Latine

et de

Grammaire Grecque
Par H. BRELET

Abrégé de Grammaire latine (Sixième et Cinquième), par H. Brelet
Nouvelle édition conforme à la nouvelle nomenclature, 1912. **2 fr.**   »

Exercices latins (Classe de Sixième) par V. Charpy. 5e *édition*. **2 fr.**   »

Exercices latins (Cinquième) par H. Brelet et V. Charpy. *Nouvelle édition conforme à la nouvelle nomenclature*, 1912. . . . **2 fr. 50**

Grammaire latine (Quatrième et classes Supérieures), par H. Brelet. *Nouvelle édition conforme à la nouvelle nomenclature*, 1912. **2 fr. 50**

Tableau des Exemples des Grammaires grecque et latine. par H. Brelet. . . . . **0 fr. 80**

Exercices latins (Quatrième), par H. Brelet et Faure. 3e *édit.* **2 fr. 50**

Exercices latins (Classes Supérieures), par H. Brelet et Faure. **3 fr.**   »

Epitome Historiæ Græcæ (Sixième), par H. Brelet. . . **2 fr.**   »

Abrégé de Grammaire grecque (Quatrième et Troisième), par H. Brelet. 3e *édition*. . . . . , **2 fr.**   »

Exercices grecs (ancienne classe de Cinquième), par H. Brelet et V. Charpy. . . . . **1 fr. 50**

Exercices grecs (déclinaisons et conjugaisons) (Quatrième et Troisième), par H. Brelet et V. Charpy. . . . . **2 fr.**   »

Grammaire grecque (Troisième et classes Supérieures), par H. Brelet. 3e *édition*. . . . . **3 fr.**   »

Tableau des Exemples des Grammaires grecque et latine. par H. Brelet . . . . **0 fr. 80**

Exercices grecs (syntaxe) (Troisième et classes Supérieures), par H. Brelet et Faure. . . . . **3 fr.**   »

Chrestomathie grecque (Choix de Fables d'Ésope — Extraits de Lucien : Dialogue des morts, Dialogue des Dieux, Histoire vraie) (Quatrième), par H. Brelet. . . . . **2 fr. 50**

ENSEIGNEMENT SECONDAIRE

ENSEIGNEMENT DES LANGUES VIVANTES

THE ENGLISH CLASS

NOUVEAU COURS DE LANGUE ANGLAISE

Conforme aux dernières Instructions ministérielles

PAR

M. DESSAGNES

Professeur au Lycée Louis-le-Grand

I

The English Class (*Classe de 6e. 1re année*). Un volume in-16 avec
nombreuses fig. . . . . 2 fr. 75

The English Class. (*Classe de 5e. 2e année*). Un volume in-16 avec
nombreuses fig. . . . . 3 fr.

The English Class. (*Classe de 4e. 3e année*). Un volume in-16 avec
nombreuses fig.. . . . . (*En préparation*)

The English Class. (*Classe de 3e. 4e année*). Un volume in-16 avec
nombreuses fig. . . . . (*En préparation.*

The English Class. (*Classe de 2e. 5e année*). Un volume in-16 avec
nombreuses fig.. . . . . (*En préparation*)

The English Class. (*Classe de 1re. 6e année*). Un volume in-16 avec
nombreuses fig.. . . . . (*En préparation*)

II

(GRANDS COMMENÇANTS)

The English Class I. (*Classes de 2e B, D, 4e année des Lycées de
Jeunes Filles, Écoles normales 1re et 2e années.*) Un volume in-16 avec
nombreuses figures, cartonné toile souple. . . . . . . 3 fr. »

The English Class. II. (*Classes de 1re B, D; 5e année des Lycées de
Jeunes Filles, Écoles normales 3e année*). Un volume in-16 avec nombreuses figures, cartonné toile souple . . . . 3 fr. 50

Ouvrages de MM.

E. CLARAC et E. WINTZWEILLER
Agrégé de l'Université,
Professeur au lycée Montaigne.

Agrégé de l'Université,
Professeur au Lycée Louis-le-Grand

~~~~~~~~~~

NOUVELLE SÉRIE (Cartonnage vert)
Conforme aux dernières Instructions ministérielles

I

Deutsches Sprachbuch (*Classe de 6e. 1re année*) 2e *édition*.
1 vol. in-16, avec nombreuses fig. . . . . **2 fr. 50**

Deutsches Sprachbuch (*Classe de 5e. 2e année*). 2e *édition*.
1 vol. in-16, avec nombreuses fig.. . . . . **3 fr.** »

Deutsches Sprachbuch (*Classe de 4e. 3e année*). 2e *édition*.
1 vol. in-16, avec nombreuses fig.. . . . . **3 fr.** »

Deutsches Sprachbuch (*Classe de 3e. 4e année*). 2e *édition*.
1 vol. in-16, avec nombreuses fig. . . . . **3 fr. 50**

Deutsches Lesebuch (*Classe de 2e. 5e année*). 2e *édition*. 1 vol.
in-16, avec nombreuses fig.. . . . . **2 fr. 50**

Deutsches Lesebuch (*Classe de 1re. 6e année*). 1 vol. in-16, avec
nombreuses fig. . . . . **3 fr.** »

II

(GRANDS COMMENÇANTS)
Cours de Langue Allemande

I. (*Classes de 2e B, D, 4e année des Lycées de Jeunes Filles. — Écoles
normales 1re et 2e années*). Un volume in-16.. . . . (*En préparation*)

II. (*Classes de 1re B, D, 3e année des Lycées de Jeunes Filles. Écoles
normales 3e année*).— Un volume in-16, avec nombreuses fig. **3 fr. 50**

LANGUE ALLEMANDE (*suite*)

ANCIENNE SÉRIE (Cartonnage brique)
Conforme aux programmes du 31 Mai 1902

Livre élémentaire d'Allemand, méthode de langage, de lecture et d'écriture. *Classes élémentaires.* 2ᵉ *édition.* 1 vol. in-16.   **2 fr. 50**

Erstes Sprach- und Lesebuch. *Classes de Sixième et de Cinquième.* 6ᵉ *édition.* 1 vol. in-16, cart. toile. . . . . . . (*Épuisé*)

Zweites Sprach- und Lesebuch. *Classe de Quatrième.* 4ᵉ *édition.* 1 vol. in-16, cart. toile. . . . . **2 fr.**

Drittes Sprach- und Lesebuch, *Classe de Troisième.* 4ᵉ *édition.* 1 vol. in-16, cart. toile . . . . **2 fr.**

Viertes Sprach- und Lesebuch. *Classe de Seconde.* 3ᵉ *édition,* 1 vol. in-16, cart. toile. . . . . **2 fr. 50**

Fünftes Sprach- und Lesebuch. *Classe de Première.* Avec la collaboration de M. MARESQUELLE, professeur au lycée de Nancy. 2ᵉ *édition.* 1 vol. in-16, cart. toile. . . . . **3 fr.**

Sechstes Sprach- und Lesebuch. *Classes de Philosophie, Mathématiques, Saint-Cyr.* 1 vol. in-16, cart. toile . . . **3 fr.**

Deutsche Uebungen für Quarta. Devoirs et Exercices sur le Zweites Lesebuch. 1 vol. in-16, cart. toile.. . . . . **1 fr. 50**

Deutsche Uebungen für Tertia. Devoirs et Exercices sur le Drittes Lesebuch. 1 vol. in-16, cart. toile. . . . . **1 fr. 50**

Deutsche Grammatik. 2ᵉ *édition.* 1 vol. in-16, cart. toile. **1 fr. 50**

Extraits des Auteurs Allemands. *I. Classes de Quatrième et de Troisième.* 2ᵉ *édition.* 1 vol. in-16, cart. toile. . . . **2 fr. 50** *II. Classes de Seconde et de Première.* 1 vol. in-16, cart. toile. . . . . **3 fr.**

English Grammar, par H. VESLOT. 2ᵉ *édition.* 1 vol. in-16.   **1 fr. 50**

Lectures anglaises. *Classes de Seconde et de Première,* par H. VESLOT. 1 vol. in-16. . . . . **3 fr.**

Grammaire espagnole, par I. GUADALUPE. 3ᵉ *édition.* 1 vol in-16. . . . . **3 fr.**

═══ ENSEIGNEMENT SECONDAIRE ═══

LITTÉRATURE

Ouvrages de M. PETIT DE JULLEVILLE
Professeur à la Faculté des lettres de Paris.

HISTOIRE
DE LA
Littérature Française

Depuis les origines jusqu'à nos jours

Nouvelle édition, augmentée pour la période contemporaine. 1 vol. in-16, cart. toile. . . . . 4 fr.

On peut se procurer séparément :

DES ORIGINES A CORNEILLE. *Nouvelle édition.* 1 vol. in-16, cart. toile. . . . . 2 fr.

DE CORNEILLE A NOS JOURS. *Nouvelle édition* revue et mise à jour par M. Auguste AUDOLLENT, maître de Conférences à l'Université de Clermont. 1 vol. in-16, cart. toile . . . . 2 fr.

MORCEAUX CHOISIS
des Auteurs français
poètes et prosateurs
AVEC NOTES ET NOTICES

1 vol. in-16, cart. toile . . . . . 5 fr.

On vend séparément :

Nouvelle édition renfermant environ 400 extraits des principaux écrivains depuis le onzième siècle jusqu'à nos jours, avec de courtes notices d'histoire littéraire. Cette nouvelle édition, revue et mise à jour par M. A. Audollent, maître de conférences à l'Université de Clermont, a été augmentée d'un choix d'extraits des écrivains contemporains depuis Leconte de Lisle et Flaubert jusqu'à A. Daudet, Pierre Loti, Anatole France, Guy de Maupassant, Paul Bourget et Edmond Rostand.

I. MOYEN AGE ET XVIᵉ SIÈCLE. — II. XVIIᵉ SIÈCLE. — III. XVIIIᵉ ET XIXᵉ SIÈCLES.
Chaque volume, cart. toile verte, est vendu séparément . . . . 2 fr.

LEÇONS
de Littérature Grecque

Par M. CROISET, membre de l'Institut, professeur à la Faculté des lettres. 12ᵉ *édition.* 1 vol. in-16, cart. toile. . . . . 2 fr.

LEÇONS
de Littérature Latine

Par MM. LALLIER, maître de conférences, et LANTOINE, secrétaire de la Faculté des lettres de Paris. 9ᵉ *édition.* 1 vol. in-16, cartonné . . . . . 2 fr.

PREMIÈRES LEÇONS
D'HISTOIRE LITTÉRAIRE

Littérature grecque, littérature latine, littérature française, par MM. CROISET, LALLIER et PETIT DE JULLEVILLE. 8ᵉ *édition.* 1 vol. in-16, cartonné toile. . 2 fr.

ENSEIGNEMENT SECONDAIRE

Ouvrages de
MM. E. BAUER et DE SAINT-ÉTIENNE
Professeurs à l'École alsacienne.

Récitations et Lectures Enfantines
à l'usage des classes élémentaires des lycées et collèges
1 vol. in-16, cart. toile (*Quatrième édition entièrement refondue*). 1 fr. 25

Premières Lectures Littéraires
1 vol. in-16, cartonné toile (*Dix-septième édition*) . . . . . 1 fr. 50

Nouvelles Lectures Littéraires
Avec notes et notices, et Préface par M. Petit de Julleville.
1 vol. in-16, cart. toile (*Onzième édition entièrement refondue*). 2 fr. 50

DIVERS

BRUNOT, professeur à la Faculté des lettres de Paris.
> **Précis de Grammaire historique de la langue fran-
> çaise**, avec une introduction sur les origines et le développe-
> ment de ce te langue. *Ouvrage couronné par l'Académie fran-
> çaise.* 4ᵉ édition. 1 vol. in-18, cart. toile verte. . . . . . 6 fr.

CAUSSADE (De), Conservateur à la Bibliothèque Mazarine.
> **Notions de Rhétorique et étude des genres litté-
> raires**. 10ᵉ édit. 1 vol in-18, toile anglaise. . . . . 2 fr. 50

LE GOFFIC (Charles) et THIEULIN (Édouard), professeurs
agrégés de l'Université.
> **Nouveau traité de versification française**, à l'usage des
> lycées et des collèges. 5ᵉ édition, revue. 1 vol. cart. toile. 1 fr. 50

LIARD, vice-recteur de l'Académie de Paris.
> **Logique**, 7ᵉ édition. 1 vol.. cartonné toile. . . . . . . 2 fr.

MORILLOT (Paul), professeur à la Faculté de Grenoble.
> **Le Roman en France depuis 1610 jusqu'à nos jours.**
> *Lectures et Esquisses.* 1 vol. in-16. . . . . 5 fr.

CLÉDAT, professeur à la Faculté des lettres de Lyon.
> **Précis d'orthographe et de grammaire phonétiques**
> pour l'enseignement du français à l'étranger. 1 vol. in-18. 1 fr.

HISTOIRE

Cahiers d'Histoire
à l'usage des Élèves de l'Enseignement secondaire
PAR E. SIEURIN

Classe de 6e. *L'Antiquité* (2e édition, revue). . . . . 1 fr. 50
Classe de 5e. *Le Moyen Age* . . . . 1 fr. 50
Classe de 4e. *Les Temps modernes* . . . . 1 fr. 50
Classe de 3e. *L'Époque contemporaine* . . . . · 1 fr. 50

Nouveau Cours d'Histoire
PAR L.-G. GOURRAIGNE (¹)
Professeur au lycée Janson-de-Sailly
et à l'École normale supérieure d'enseignement primaire de Saint-Cloud.

Le moyen âge et le commencement des temps modernes (*Classes de Cinquième A et B*). 1 volume in-16, avec nombreuses figures, cart. toile . . . . 3 fr.

Les Temps modernes (*Classes de Quatrième A et B*). 1 vol. in-16, avec nombreuses figures, cart. toile . . . . . 3 fr.

L'Époque contemporaine (*Classes de Troisième A et B*). 1 vol. in-16, cart. toile . . . . 3 fr.

Histoire moderne (*Classes de Seconde*), (pour paraître en 1912),

Histoire moderne. (*Classes de Première A, B, C, D*). 1 vol. in-16, avec nombreuses figures, cart. toile . . . . . 5 fr.

Histoire contemporaine de 1815 à 1889 (*Classes de Philosophie A et de Mathématiques A*). 1 vol. in-16, cart. toile. 5 fr.

Cartes d'Étude
Pour servir à l'Enseignement de l'Histoire
(Antiquité, moyen âge, temps modernes et contemporains)
PAR E. SIEURIN

Atlas in-4 de 122 cartes et cartons, cart. 4e *édition*. . . . 2 fr. 50

(1) V. page 11. — Cours de Saint-Cyr.

ENSEIGNEMENT SECONDAIRE

Cartes d'Étude

POUR SERVIR A L'ENSEIGNEMENT DE LA
Géographie et de l'Histoire

Par MARCEL DUBOIS et E. SIEURIN

Classe de Sixième. — I. **Antiquité.** II. **Géographie générale, Amérique, Australie.** 12ᵉ *édition*, avec 5 cartes refaites. 1 fr. 80

Classe de Cinquième. — I. **Moyen âge.** II. **Asie, Insulinde, Afrique.** 11ᵉ *édition*, avec 13 cartes refaites. . . . . 1 fr. 80

Classe de Quatrième. — I. **Temps modernes.** II. **Europe.** 10ᵉ *édition*, avec 2 cartes nouvelles et 16 cartes refaites. . . . . 1 fr. 80

Classe de Troisième. — I. **Époque contemporaine.** II. **France et Colonies.** 13ᵉ *édition*, avec 12 cartes refaites. . . . 2 fr. »

Classe de Seconde. — I. **Histoire ancienne (Orient et Grèce) et Histoire moderne (jusqu'en 1715).** II. **Géographie générale.** 4ᵉ *édition*, avec 5 cartes nouvelles. . . . . 2 fr. »

Classe de Première. — I. **Histoire ancienne (Rome) et Histoire moderne (1715-1815).** II. **France et Colonies.** 13ᵉ *édition*, avec 21 cartes nouvelles. . . . . 2 fr. »

Classes de Philosophie et de Mathématiques. — I. **Histoire contemporaine depuis 1815.** II. **Les principales puissances du monde.** 9ᵉ *édition*, entièrement refondue, augmentée de 9 cartes historiques. . . . . 2 fr. »

Cahiers Sieurin
à l'usage des élèves de l'Enseignement secondaire

I. — **Classe de 6ᵉ.** *Géographie générale, Amérique, Australasie* (3ᵉ édition). . . . . 0 fr. 60

II. — **Classe de 5ᵉ.** *Asie, Insulinde, Afrique* (3ᵉ édition). 0 fr. 60

III — **Classe de 4ᵉ.** *Europe* (3ᵉ édition) . . . . 0 fr. 75

IV. — **Classe de 3ᵉ.** *France et Colonies* (4ᵉ édition). . 0 fr. 75

V. — **Classe de 2ᵉ.** *Géographie générale* . . . . . 0 fr. 75

VI. — **Classe de 1ʳᵉ.** *France et Colonies* (3ᵉ édition). . 0 fr. 75

VII. — **Classes de Philosophie et de Mathématiques.** *Les principales Puissances du monde.* 0 fr. 75

ENSEIGNEMENT SECONDAIRE

GÉOGRAPHIE

COURS COMPLET

DE GÉOGRAPHIE

Conforme aux programmes du 31 mai 1902

PUBLIÉ SOUS LA DIRECTION DE

M. MARCEL DUBOIS

Professeur de Géographie coloniale à la Faculté des lettres de Paris,
Maître de conférences à l'École normale de jeunes filles de Sèvres.

6 volumes in-8°, cartonnés toile anglaise grise.

PREMIER CYCLE

Divisions A et B.

Afrique — Asie — Insulinde, avec cartes et croquis, avec la
collaboration de H. Schirmer, maître de conférences à l'Université
de Paris, et de M. Camille Guy, gouverneur du Sénégal. 4ᵉ édition entièrement refondue. (*Classe de Cinquième.*). . 2 fr. 50

Europe, avec la collaboration de MM. Durandin et Malet, professeurs
agrégés d'histoire et de géographie. 5ᵉ édition entièrement refondue.
(*Classe de Quatrième.*). . . . . . . , , , ... 3 fr.

Géographie de la France et de ses Colonies. 3ᵉ édition entièrement refondue. (*Classe de Troisième.*). . . . . . 2 fr. 50

DEUXIÈME CYCLE

Sections A. B. C. D.

Géographie générale. Avec cartes et croquis, 2ᵉ édition. (*Classe
de Seconde.*). . . . . 4 fr.

Géographie de la France et de ses Colonies. — *Cours supérieur*,
avec figures et cartes, 6ᵉ édition (*Classe de Première.*). . 4 fr

Les Principales Puissances du Monde, avec la collaboration
de M. J.-G. Kergomard, 3ᵉ édition. (*Classes de Philoso phie et de
Mathématiques.*) . . . . 4 fr. 50

=== ENSEIGNEMENT SECONDAIRE ===

ENSEIGNEMENT SECONDAIRE

GÉOGRAPHIE

CLASSES ÉLÉMENTAIRES

Cours d'Histoire et de Géographie

PAR

E. SIEURIN

Professeur au collège de Melun.

Classes préparatoires
2ᵉ *édition.* 1 volume in-16 cartonné toile, avec 91 figures. . . 2 fr. »

Classe de Huitième
2ᵉ *édition.* 1 volume in-16 cartonné toile, avec 115 figures. . . 2 fr. »

Classe de Septième
2ᵉ *édition.* 1 vol. in 16 cartonné toile, avec 90 figures . . . 2 fr. 50

=== ÉCOLE SPÉCIALE MILITAIRE DE SAINT-CYR ===

Cours d'Histoire contemporaine

Rédigé conformément au programme du 17 juillet 1908

PAR

L.-G. GOURRAIGNE

Professeur agrégé d'Histoire et de Géographie au lycée Janson-de-Sailly
et à l'Ecole coloniale.

1 vol. in-8, cartonné toile . . . . 10 fr.

Histoire de la Civilisation

PAR CH. SEIGNOBOS

VOLUMES IN-16, CARTONNÉS TOILE MARRON, AVEC FIGURES

Histoire de la civilisation ancienne (Orient, Grèce,
Rome). 5ᵉ *édition* . . . . 3 fr. »

Histoire de la civilisation au moyen âge et dans les temps
modernes. 5ᵉ *édition* . . . . 3 fr. »

Histoire de la civilisation contemporaine. 5ᵉ *édition.* 3 fr. »

=== ÉCOLES NORMALES PRIMAIRES ===

CARTES D'ÉTUDE

pour servir à l'enseignement de la géographie

(LES CINQ PARTIES DU MONDE)

Par MM. Marcel DUBOIS et E. SIEURIN

1 atlas in-4°, de 140 cartes et 415 cartons, relié toile . . . . . 6 fr. 50

ENSEIGNEMENT SECONDAIRE

PHYSIQUE

CLASSES DE SCIENCES

Iᵉʳ CYCLE

Notions élémentaires
de Physique

Conforme aux programmes de 1912

PAR

J. FAIVRE-DUPAIGRE | **E. CARIMEY**
In:pecteur gén. de l'Instruction publique | Professeur de Physique
Anc. professeur au Lycée Saint-Louis | au Lycée Saint-Louis

Classe de **Quatrième B**, 2ᵉ éd. 1 vol. in-16 avec 152 figures, cart. **2 fr.**
Classe de **Troisième B**. 1 vol. in-16 avec 242 figures, cart. **2 fr. 50**

IIᵉ CYCLE

Nouveau Cours
de Physique élémentaire

Conforme aux programmes de 1912

SOUS LA DIRECTION DE

E. FERNET

Inspecteur général honoraire de l'Instruction publique,

PAR

J. FAIVRE-DUPAIGRE et E. CARIMEY

I. (**Classe de Seconde C, D.**) 3ᵉ *édition*. 1 vol. in-16, avec 250 fig·
et 123 exercices, cart. toile souple . . . . **3 fr·**
II. (**Classe de Première C, D.**) 3ᵉ *édition*. 1 vol. in-16 avec 391 fig.
· et 157 exercices, cart. toile souple . . . . **4 fr·**
III. (**Classe de Mathématiques.**) 3ᵉ *édition*. 1 vol. in-16, avec
342 fig. et 104 exercices, cart. toile souple. . . . . **4 fr.**

CLASSES DE LETTRES

Traité élémentaire
de Physique

Conforme aux programmes de 1912

PAR

J. FAIVRE-DUPAIGRE et E. CARIMEY

Classe de **Philosophie**. 2ᵉ *édition*. 1 vol. in-16, avec 690 fig.,
cartonné toile souple. . . . . **6 fr. 50**

CHIMIE

Nouveau Cours de Chimie Élémentaire

Conforme aux programmes de 1912

PAR

C. MATIGNON	**J. LAMIRAND**
Professeur	Inspecteur de l'Académie de Paris
au Collège de France	Ancien professeur au Lycée St-Louis

Classes de Philosophie A, B. 1 vol. in-16 avec 299 figures et 80 exercices, cart. toile souple. . . . . 3 fr. 50

Classes de Seconde C, D. 1 vol. in-16, avec 195 figures et 60 exercices, cart. toile souple . . . . 2 fr. 50

Classes de Première C, D. *Paraîtra en Octobre* 1912.

Classes de Mathématiques A, B . . . . *En préparation.*

Traité élémentaire de Chimie, par M. TROOST, membre de l'Institut, professeur honoraire à la Faculté des sciences de Paris, avec la collaboration de Ed. PÉCHARD, chargé de cours à la Faculté des Sciences de Paris.

15e *édition, entièrement refondue et corrigée.* 1 vol. in-8, avec 548 figures dans le texte. Broché, 8 fr. — Cartonné toile. . . . . 9 fr.

Précis de Chimie, par MM. TROOST et PÉCHARD.

40e *édition, conforme aux nouveaux programmes.* 1 vol. in-18, avec 306 figures, cartonné toile. . . . . 3 fr. 50

PHYSIQUE

Cours de Physique

pour les classes de Mathématiques spéciales

de E. FERNET et J. FAIVRE-DUPAIGRE

5e édition entièrement nouvelle par

J. FAIVRE-DUPAIGRE et J. LAMIRAND

1 vol. grand in-8, avec 951 figures. . . . . 20 fr.

======= ENSEIGNEMENT SECONDAIRE =======
Ouvrages de MM.

Ch. VACQUANT	A. MACÉ DE LÉPINAY
Ancien Inspecteur général de l'Instruction publique.	Professeur de mathématiques spéciales au lycée Henri IV.

Programmes du 4 mai 1912

GÉOMÉTRIE

Classes de Sciences

Premiers éléments de Géométrie (5e B, 4e B et 3e B). 5e édition.
1 vol. in-16, cart. toile. . . . . 3 fr. 50
Éléments de Géométrie (*Seconde et Première C et D, Mathématiques*). 19e édition. Un vol. in-16, cart. toile. . . . . . 5 fr. 25
Classes de Lettres
Premières notions de Géométrie élémentaire.
　1re Partie (4e A et 3e A) avec des compléments relatifs aux programmes facultatifs des classes de 1re A et B. 18e édition. 1 vol. in-16, cart. toile. . . . . 2 fr.
　2e Partie (2e et 1re A et B, *Philosophie*) avec des compléments relatifs aux programmes facultatifs des classes de 1re A et B, de Philosophie. 18e édition. 1 vol. in-16, cartonné toile. . 1 fr. 50
Les 1re et 2e parties réunies sont vendues en un seul volume, in-16, cartonné toile anglaise. . . . . 5 fr. 25

Cours de Géométrie élémentaire, à l'usage des élèves de mathématiques élémentaires, avec des compléments destinés aux candidats à l'École Normale et à l'École Polytechnique. 8e édition. 1 volume avec 1030 figures. 10 fr.　　Cartonné. . . . . 11 fr.

TRIGONOMÉTRIE

Cours de Trigonométrie. Nouvelle édition.
1re partie (Première C et D et Mathématiques). 1 vol. in-8°,
broché . . . . 3 fr. »
2e partie (Compléments destinés aux élèves de Mathématiques spéciales). 1 vol. in-8°, broché. . . . . 2 fr. 50

NEVEU (Henri), agrégé de l'Université.
　Cours d'Algèbre, à l'usage des classes de Mathématiques.
　3e édit. entièrement refondue. 1 vol. in-8 . . . . 9 fr.
ROUBAUDI, professeur de mathématiques au lycée Buffon.
　Cours de Géométrie descriptive. *Nouvelle édition, conforme aux programmes du 27 juillet 1905.*
　Fasc. I. *Classe de Première C et D.* 6e édition, avec 165
　fig. 2 fr. 50
　Fasc. II. *Classe de Mathématiques A et B.* 4e édition, avec 214
　fig. et 500 exercices. . . . . 3 fr.
　Les 2 fascicules réunis en un seul volume . . . . . **5 fr.**

===== ENSEIGNEMENT SECONDAIRE =======

MATHÉMATIQUES

Nouveau Cours complet de Mathématiques

Rédigé conformément aux programmes de 1911 et de 1912

PAP

H. COMMISSAIRE

Ancien élève de l'École Normale Supérieure,
Professeur de Mathématiques spéciales au lycée Charlemagne.

Viennent de paraître :

Leçons d'Algèbre et de Trigonométrie (*Classes de Mathématiques A, B*). 1 vol. in-16, avec 856 problèmes et exercices, un formulaire et des tables pour les calculs numériques. . . . . **7 fr.**

Leçons d'Algèbre (*Classes de 2e C, D*). 1 vol. in-8 avec 654 problèmes et exercices, un formulaire et des tables de logarithmes . . . . **3 fr.**

Leçons de Trigonométrie (et compléments d'Algèbre) (*Classes de 1re C et D*). 1 vol. in-8 avec 583 problèmes et exercices, un formulaire et des tables de logarithmes. **3 fr.**

Paraîtront prochainement :

Arithmétique (*Classes de Mathématiques A et B*).
Mécanique (*Classes de Mathématiques A et B*).

MÉMENTOS

à l'usage des Candidats aux baccalauréats de l'Enseignement classique et moderne et aux Écoles du Gouvernement.

Mémento de Chimie, par M. A. DYBOWSKI, professeur au lycée Louis-le-Grand. 8e *édition*. 1 vol. in-12. . . . . **3 fr.**

Questions de Physique. Énoncés et Solutions, par R. CAZO, docteur ès sciences 3e *édition*. 1 vol. in-12 . . . . **2 fr.**

Mémento d'Histoire naturelle, par M. MARAGE, docteur ès sciences, 1 vol. in-12, avec 102 figures. . . . . **2 fr.**

Conseils pour la Composition française, la version, le thème et les épreuves orales, par A. KELLER. 1 vol. in-12 . . **1 fr.**

Résumé du Cours de Philosophie sous forme de plans, par A. KELLER. 1 vol. in-12. . . . . **2 fr.**

Histoire de la Philosophie, par A. KELLER. 1 vol. . . . . . . **1 fr.**

ENSEIGNEMENT SECONDAIRE

SCIENCES NATURELLES

COURS ÉLÉMENTAIRE
D'HISTOIRE NATURELLE

Rédigé conformément aux programmes du 31 mai 1902

PAR MM.

M. BOULE | **E.- L. BOUVIER**
Professeur au Muséum d'histoire | Professeur au Muséum d'histoire
naturelle. | naturelle. Membre de l'Institut.

H. LECOMTE
Professeur au Muséum d'histoire naturelle.

PREMIER CYCLE

Notions de Zoologie (6ᵉ A et B), 2ᵉ *édit.*, par E.-L. Bouvier. 2 fr. 50

Notions de Botanique (5ᵉ A et B), 2ᵉ *édit.*, par H. Lecomte. 2 fr. 75

Notions de Géologie (5ᵉ B et 4ᵉ A), 3ᵉ *édit.*, par M. Boule. . 1 fr. 75

Notions de Biologie, d'Anatomie et de Physiologie appliquées à l'homme (3ᵉ B), par E.-L. Bouvier. . . . . 2 fr. 50

SECOND CYCLE

Conférences de Géologie (Seconde A, B, C, D,) 3ᵉ *édition*, par M. Boule . . . . 2 fr. 50

Éléments d'Anatomie et de Physiologie végétales (Philosophie et Mathématiques A et B), par H. Lecomte. . . . . 2 fr. 50

Éléments d'Anatomie et de Physiologie animales (Philosophie et Mathématiques A et B), par E.-L. Bouvier. 2ᵉ *édition*. . 3 fr. 50

Conférences de Paléontologie. (Philosophie A et B et Mathématiques A et B). 2ᵉ *édition*, par M. Boule. . . , , ... 2 fr.

DIVERS

LAPPARENT (A. de), membre de l'Institut.

Abrégé de Géologie. 6ᵉ édition entièrement refondue. 1 vol. in-16, avec 163 figures, et une carte géologique de la France, en couleurs. . . . . 4 fr.

Traité de Géologie. 5ᵉ édition entièrement refondue et considérablement augmentée. 3 vol. gr. in-8° contenant XVI-2016 pages, avec 883 figures . . . . 38 fr.

Précis de Minéralogie. 5ᵉ édition. 1 vol. in-18, avec 535 figures et 1 planche, cartonné toile. . . . . . 5 fr.

Leçons de Géographie physique. 3ᵉ édition. 1 vol. grand in-8, avec 205 fig. et 1 planche en couleurs . 12 fr.

================ ENSEIGNEMENT SECONDAIRE ================
================ CERTIFICAT D'ÉTUDES ================

PHYSIQUES, CHIMIQUES ET NATURELLES (P. C. N.)

Cours élémentaire de Zoologie
Par Rémy PERRIER
Chargé de cours à la Faculté des sciences de Paris.

5e *édition*, revue. 1 vol. avec 765 figures, relié toile. 12 fr.

Zoologie pratique, basée sur la dissection des animaux les plus répandus, par L. JAMMES, maître de conférences à la Faculté des sciences de Toulouse. 1 vol. in-8° de 560 p. avec 317 figures dans le texte.. . . . . 18 fr.

Traité des Manipulations de Physique, par B.-C. DAMIEN, professeur, et R. PAILLOT, chef des travaux pratiques à la Faculté de Lille. 1 vol. in-8° avec 246 figures. 7 fr.

Éléments de Botanique, par PH. VAN TIEGHEM, de l'Institut, professeur au Muséum. 4e *édition*, revue et augmentée. 2 vol. in-16 de 1170 p. avec 580 fig., cartonnés. 12 fr.

Éléments de Chimie organique et de Chimie biologique, par W. ŒCHSNER DE CONINCK, professeur à la Faculté des sciences de Montpellier. 1 vol in-16. . 2 fr.

Éléments de Chimie des métaux, par W. ŒCHSNER DE CONINCK. 1 vol. in-16. . . . . 2 fr.

DROIT USUEL

Cours élémentaire de Droit usuel, par T. VAQUETTE, Docteur en droit. 2e *édition*. 1 vol. in-16, cart. toile. 2 fr. 50

GYMNASTIQUE

Manuel de Gymnastique rationnelle et pratique, (Méthode Suédoise), par M. SOLEIROL DE SERVES, Médecin gymnaste et Mme LE ROUX, Professeur de gymnastique au Lycée de Versailles. 3e *édition*, *revue*. 1 vol. in-16, avec nombreuses figures, cartonné toile anglaise.. . . . . 2 fr.

DESSIN

Traité pratique de Composition décorative, à l'usage des Jeunes gens, répondant aux nouveaux programmes du Dessin et du Modelage des Écoles normales d'instituteurs, des Écoles professionnelles, des Écoles d'ouvriers d'art, par M. FRÉCHON, professeur à l'École primaire supérieure de Melun. 1 volume in-4°, cartonné toile.. . . . . . 3 fr. 50

ENSEIGNEMENT PRIMAIRE SUPÉRIEUR

Programmes du 26 Juillet 1909.

COURS de PHYSIQUE & de CHIMIE

Par P. MÉTRAL

Agrégé de l'Université, Directeur de l'École primaire supérieure Colbert, à Paris.

JEUNES GENS	JEUNES FILLES
1re ANNÉE. 2e *éd.* 1 vol. in-16, avec 255 fig. . . . . . . **2 fr. 50**	1re ANNÉE. 1 vol. in-16, avec 210 fig., cart. toile. . . **2 fr. 50**
2e ANNÉE. 2e *éd.* 1 vol. in-16, avec 203 fig. . . . . **3 fr.**	2e ANNÉE. 1 vol. in-16, avec 217 fig., cart. toile. . . **2 fr. 25**
3e ANNÉE. 2e *éd.* 1 vol. in-16, avec 314 fig. . . . . **3 fr.**	3e ANNÉE. 1 vol. in-16, avec 198 fig., cart. toile. . . **2 fr. 25**
Cours de physique (1re, 2e, 3e années). 2e *éd.* 1 vol. . **4 fr.**	Cours de physique (1re, 2e, 3e années). 1 vol. in-16. **3 fr. 50**
Cours de chimie (1re, 2e, 3e années). 2e *éd.* 1 vol. **3 fr. 50**	Cours de chimie (1re, 2e, 3e années). 1 vol. in-16. . **3 fr.**

COURS D'ARITHMÉTIQUE (THÉORIQUE et PRATIQUE)

Par M. H. NEVEU
Agrégé de l'Université,
Directeur de l'École primaire supérieure Lavoisier, à Paris.

5e *édition.* 1 volume in-16, cartonné toile. . . . . **3 fr.**

COURS D'ALGÈBRE (THÉORIQUE et PRATIQUE)

Suivi de NOTIONS DE TRIGONOMETRIE

Par M. H. NEVEU

5e *édition.* 1 volume in-16, cartonné toile. . . . . **3 fr.**

COURS DE GÉOMÉTRIE (THÉORIQUE et PRATIQUE)

Par MM. H. NEVEU et BELLENGER

1re année. 2e *édition.* 1 vol. in-16, cart. toile. . . . . 2 fr. »
2e année. 2e *édition.* 1 vol. in-16, cart. toile . . . . 2 fr. 50
3e année. 1 vol. in-16, cart. toile . . . . 3 fr. »

NOTIONS DE TECHNOLOGIE

Par H GIBERT
Professeur à l'École Colbert, Agrégé de l'Université
Conforme au dernier programme de l'Enseignement primaire supérieur.

1 vol. in-16, avec 362 figures. . . . . 5 fr.

=== ENSEIGNEMENT PRIMAIRE SUPÉRIEUR ===
Programmes du 26 Juillet 1909

COURS D'HISTOIRE

Par E. SIEURIN et C. CHABERT
Professeurs à l'École primaire supérieure de Melun.

1ʳᵉ ANNÉE. Histoire de France depuis le début du XVIᵉ siècle jusqu'en 1789. 8ᵉ *édit.* 1 vol. avec 171 gravures. . . . . 2 fr.

2ᵉ ANNÉE. Histoire de France de 1789 à la fin du XIXᵉ siècle. 7ᵉ *édit.*
1 vol. avec 132 gravures . . . . , ... 2 fr.

3ᵉ ANNÉE. Le monde au XIXᵉ siècle. 8ᵉ *édition.* 1 vol. avec 25 gravures,
cart. toile . . . . 2 fr.

COURS DE GÉOGRAPHIE

Par

Marcel DUBOIS	E. SIEURIN,
Professeur à la Faculté des lettres de Paris	Professeur au Collège de Melun.

1ʳᵉ ANNÉE. — Aspects du Globe. La France. 2ᵉ *édit.* 1 vol. 2 fr. 25

2ᵉ ANNÉE. — L'Europe (moins la France). 2ᵉ *édit.* 1 vol. 2 fr. 25

3ᵉ ANNÉE. — Le Monde (moins l'Europe). Le rôle de
la France dans le Monde. 1 vol . . . . 2 fr. 25

CARTES D'ÉTUDE

pour servir à l'Enseignement
de la Géographie et de l'Histoire

Par MM. Marcel DUBOIS et E. SIEURIN

1ʳᵉ ANNÉE. — I. — Moyen âge et Temps modernes.
II. — La France. 14ᵉ *édit.* . . . . 2 fr 25

2ᵉ ANNÉE. — I. — Époque contemporaine.
II. — L'Europe (moins la France). 13ᵉ *éd.* 2 fr. 25

3ᵉ ANNÉE. — I. — Le monde au XIXᵉ siècle.
II. — Le Monde (moins l'Europe). 14ᵉ *éd.* 2 fr. 25

CAHIERS SIEURIN, 3ᵉ *édition.*

1ʳᵉ ANNÉE. — Géographie générale. La France. 4ᵉ *édit.* . 0 fr. 75

2ᵉ ANNÉE. — L'Europe (moins la France). 3ᵉ *édit.* . . . 0 fr. 75

3ᵉ ANNÉE. — Le Monde (moins l'Europe). 3ᵉ *édit.* . . . 0 fr. 75

ENSEIGNEMENT PRIMAIRE SUPÉRIEUR

COURS DE COMPTABILITÉ

PAR Gabriel FAURE
Professeur à l'École des Hautes Études commerciales et à l'École commerciale.
3e *édition*. 1 volume in-16, cart. toile. . . . . 5 fr.

COURS D'HISTOIRE NATURELLE

PAR MM.

M. BOULE	Ch. GRAVIER	H. LECOMTE
Professeur au Muséum	Assistant au Muséum	Professeur au Muséum

1re année. 4e *édition*. 1 vol., avec 564 figures . . . . . . 2 fr. 25
2e année. 2e *édition*. 1 vol., avec 476 figures et 7 planches . . 5 fr.
3e année. 2e *édition*. 1 vol., avec 488 figures . . . . 5 fr.

TEXTES FRANÇAIS

LECTURES et EXPLICATIONS A L'USAGE DES 1re, 2e ET 3e ANNÉES
Avec Introduction, Notes et Commentaires
Par Ch. WEVER
Ancien professeur d'École primaire supérieure, Professeur au Collège de Melun
3e *édition*. 1 vol. in-16 de 460 pages, cartonné toile. . . . . . . 3 fr.

COURS DE LANGUE FRANÇAISE

Grammaire et Exercices par Ch. WEVER (nouveauté). 1 volume
in-16, cartonné . . . . ? fr

COURS D'INSTRUCTION CIVIQUE

Par Albert MÉTIN
Professeur aux Écoles primaires supérieures de Paris.
3e *édition*, *revue*. 1 volume in-16 avec figures, cartonné toile. 1 fr. 50

COURS D'ÉCONOMIE POLITIQUE

Par Albert MÉTIN
3e *édition*, *revue*. 1 vol. in-16, cartonné toile. . . . . 1 fr. 50

COURS DE DROIT USUEL

Par Albert MÉTIN
3e *édition*, *revue*. 1 vol. in-16, cartonné toile. . . . . 1 fr. 50

HISTOIRE DE FRANCE

des origines à nos jours

Par E. SIEURIN et C. CHABERT

Professeurs d'Histoire à l'École primaire supérieure de Melun.

4° *édition entièrement refondue.* 1 volume in-16, avec nombreuses figures. . . . . 2 fr. 50

GÉOGRAPHIE de la FRANCE

et des CINQ PARTIES du MONDE

Par E. SIEURIN

5° *édition.* 1 volume in-16, avec 149 cartes dans le texte. 2 fr. 50

ENSEIGNEMENT COMMERCIAL

Éléments de Commerce et de Comptabilité

Par Gabriel Faure

Professeur à l'École des Hautes Études commerciales et à l'École commerciale.

NEUVIÈME ÉDITION

1 volume petit in-8, cartonné toile anglaise. . . . 4 fr.

COLLECTION LANTOINE

EXTRAITS DES CLASSIQUES

GRECS ET LATINS

TRADUITS EN FRANÇAIS

Plutarque. *Vies des Grecs illustres* (Choix), par M. LEMERCIER.

Hérodote (Extraits), par M. CORRÉARD.

Plutarque. *Vie des Romains illustres* (Choix), par M. LEMERCIER.

Xénophon (Analyse et Extraits), par M. VICTOR GLACHANT.

Eschyle, Sophocle, Euripide (Extraits), par M. PUECH.

Plaute, Térence (Extraits choisis), par M. AUDOLLENT.

Eschyle, Sophocle, Euripide (Pièces choisies), par M. PUECH, maître de conférences à la Faculté des lettres de Paris.

Aristophane. Pièces choisies, par M. FERTÉ.

Sénèque. Extraits par M. LEGRAND

Cicéron. Traités. Discours. Lettres, par M. H. LANTOINE.

César, Salluste, Tite-Live, Tacite (Extraits), par M. H. LANTOINE.

Chaque volume est vendu cartonné toile anglaise 2 fr.

Nouveauté.

Traité théorique et pratique de Travaux à l'aiguille

RÉPONDANT AUX DERNIERS PROGRAMMES DU TRAVAIL MANUEL
DANS L'ENSEIGNEMENT PRIMAIRE SUPÉRIEUR ET DANS L'ENSEIGNEMENT SECONDAIRE

Par H. FRECHON
Professeur à l'École primaire supérieure de Melun

1 volume in-4, avec planches. 3 fr. 50

Traité pratique de
Composition décorative
à l'usage des Jeunes Filles

RÉPONDANT AUX PROGRAMMES DES COURS COMPLÉMENTAIRES DES ÉCOLES PRIMAIRES
SUPÉRIEURES ET PROFESSIONNELLES, DES ÉCOLES NORMALES

Par H. FRECHON

2ᵉ *édition*, 1 volume in-4° avec planches, cartonné. . . . . . . 3 fr. 50

Cours élémentaire
de Composition décorative

*Répondant aux programmes des Cours supérieurs et complémen-
taires des Écoles primaires et des Ecoles annexes, — des classes
élémentaires des Collèges et des Lycées de Jeunes filles, — de la
première année des Écoles primaires supérieures, — du Certificat
d'études primaires.*

Par H. FRECHON

1 cahier in-4 de 54 pages. . . . . 1 fr. »

ENSEIGNEMENT SECONDAIRE DES JEUNES FILLES
HISTOIRE

Histoire de la Civilisation
PAR CH. SEIGNOBOS

Docteur ès lettres, Maître de conférences à la Faculté des lettres de Paris

VOLUMES IN-16, CARTONNÉS TOILE VERTE, AVEC FIGURES

Histoire de la civilisation. — *Histoire ancienne de l'Orient. —
Histoire des Grecs. — Histoire des Romains — Le moyen âge jus-
qu'à Charlemagne.* 9ᵉ édition avec 105 figures. . . . . . 3 fr. 50
Histoire de la civilisation. — *Moyen âge depuis Charlemagne. —
Renaissance et temps modernes. — Période contemporaine.* 8ᵉ édition
avec 72 figures. . . . . 5 fr. »

ENSEIGNEMENT SECONDAIRE DES JEUNES FILLES

GÉOGRAPHIE

Nouveauté :

Cartes d'Étude

POUR SERVIR A L'ENSEIGNEMENT DE LA

Géographie

PAR MM.

MARCEL DUBOIS ET E. SIEURIN

Iʳᵉ et IIᵉ ANNÉÉS. — **Le Monde (moins la France)**. 1 vol. . . » »

IIIᵉ ANNÉE. — **France et Colonies**. 1 vol. . . . . » »

IVᵉ et Vᵉ ANNÉES. — **Géographie générale. — Les principales
puissances.** — 1 vol. . . . . » »

Cours de Géographie

Par MM.

MARCEL DUBOIS ET E. SIEURIN

Iʳᵉ ANNÉE. — **Notions générales de Géographie physique :
Océanie, Afrique, Amérique**, 2ᵉ *éd*. . . . 2 fr.

IIᵉ ANNÉE. — **Asie, Europe**, 2ᵉ *éd*. . . . . 2 fr.

IIIᵉ ANNÉE. — **France et Colonies**, 2ᵉ *éd*. . . . . . . 2 fr.

IVᵉ ANNÉE. — **Géographie générale**. . . . . » »

Vᵉ ANNÉE. — **Les principales puissances du monde**, par
M. DUBOIS et J.-K. KERGOMARD. . . . . 4 fr. 50

LITTÉRATURE

MORCEAUX CHOISIS

PUBLIÉS PAR

MESDAMES CHAPELOT, BOUCHEZ ET HOCDÉ

Professeurs au lycée Fénelon

1ᵉʳ et 2ᵉ *Degrés* (de 6 à 9 ans) 5ᵉ *édition*. 1 vol. in-16, cart. toile souple. 1 fr. 50

3ᵉ *Degré* (de 9 à 11 ans). 4ᵉ *édition*. 1 vol. in-16, cart. toile souple. 1 fr. 50

4ᵉ *Degré* (de 11 à 13 ans). 4ᵉ *édition*. 1 vol. in-16, cart. toile souple. 2 fr. 50

Librairie **MASSON** et C¹ᵉ, 120, boulevard Saint-Germain, Paris.

Le plus sérieux. — *Le mieux informé*. — *Le plus complet*
Le mieux illustré. — *Le plus répandu*

DE TOUS LES JOURNAUX DE VULGARISATION SCIENTIFIQUE

Fondé en 1873 par GASTON TISSANDIER

LA NATURE

REVUE DES SCIENCES

et de leurs Applications aux Arts et à l'Industrie

JOURNAL HEBDOMADAIRE ILLUSTRÉ

DIRECTION

L. DE LAUNA.

Membre de l'Académie des Sciences.
Professeur a l'École des Mines
et à l'École des Ponts et Chaussées.

E. A. MARTEL

Membre du Conseil supérieur d'Hygiène
publique.
Ancien Président de la commission centrale
de la Société de Géographie.

Chaque Numéro comprend

SEIZE PAGES GRAND IN-8° COLOMBIER

tirées sur beau papier couché, luxueusement illustrées
de très nombreuses figures, contenant de nombreux articles
de vulgarisation scientifique, clairs, intéressants, variés,
signés des noms les plus connus et les plus estimés

UN SUPPLÉMENT ILLUSTRÉ DE HUIT PAGES, COMPRENANT

Les Nouvelles scientifiques, recueil précieux d'informations.

Sous la rubrique Science appliquée, la description des *petites inventions nouvelles* et des *appareils inédits* (photographie, électricité, outillage d'amateur, physique, chimie, etc.), *pratiques, intéressants ou curieux.*

Des recettes et procédés utiles.
Des récréations scientifiques.

Une Bibliographie.

La Boîte aux Lettres, par laquelle les milliers d'abonnés de *La Nature* correspondent entre eux. C'est aussi sous cette rubrique que la Direction répond, avec une intassable complaisance, aux demandes les plus variées des abonnés.

Le Bulletin météorologique de la semaine.

PARIS	DÉPARTEMENTS	UNION POSTALE
Un an . . . . 20 fr.	Un an . . . 25 fr. »	Un an . . . . . 26 fr
Six mois. . . . 10 fr.	Six mois. . 12 fr. 50	Six mois. . . . 13 fr

71590. — Imprimerie LAHURE, 9, rue de Fleurus, à Paris.

www.ingramcontent.com/pod-product-compliance
Lightning Source LLC
Chambersburg PA
CBHW031419180326
41458CB00002B/434